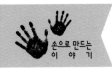

KB137960

아이와 함께 하는

야외
실험실

들판, 정원, 놀이터, 공원에서
가족과 함께 즐기는
52가지 과학 실험

씨
아이
알

아이와 함께 하는 야외 실험실
들판, 정원, 놀이터, 공원에서 가족과 함께 즐기는 52가지의 과학 실험

초판발행 2018년 8월 17일
초판 2쇄 2019년 12월 5일
저　자 리즈 리 하이니키(Liz Lee Heinecke)
역　자 박수영
펴 낸 이 김성배
펴 낸 곳 도서출판 씨아이알

책임편집 박영지
디 자 인 백정수
제작책임 김문갑

등록번호 제2-3285호
등 록 일 2001년 3월 19일
주　소 (04626) 서울특별시 중구 필동로8길 43(예장동 1-151)
전화번호 02-2275-8603(대표)
팩스번호 02-2265-9394
홈페이지 www.circom.co.kr

I S B N 979-11-5610-286-1 (03400)
정　가 15,000원

목 차

들어가는 글

산과 들은 자연이 선사하는 가능성으로 가득 찬 과학 실험실입니다. 모니터를 끄고 집 밖으로 나오면 언제 든지 탐험을 시작할 수 있습니다. 해가 쨍쨍한 날이든 눈 오는 날이든 날씨와 상관없이 늘 새로운 사실을 발견하게 됩니다. 이 책은 눈 내린 이른 봄에서 단풍 이 들기 시작하는 이른 가을에 걸쳐 만들었습니다. 푹 푹 찌는 여름에 아이들과 저는 나무 그늘을 따라 하

이킹을 했습니다. 녹말 프레스코로 집 앞을 장식했고, 정원 호스를 사다리에 걸어 에어 매트리스를 물침대 로 만들었습니다. 호기심 많은 이웃은 발걸음을 멈추 어 실험을 구경했고, 안개 자욱한 달밤에는 가족과 함 께 산책을 나갔습니다.

52가지 실험을 집 안에서 해 보니 부엌이 엉망이 되

길래 밖으로 나가 피크닉 테이블을 실험대로 사용했습니다. 거기서 립밤도 만들고 신기한 구슬도 만들었습니다. 제 아이들과 친구들은 뒷마당에서 거대한 비눗방울도 만들고 거품 액체괴물도 만들었습니다. 나무 이끼에서 물곰을 찾는 건 쉽지 않았지만, 요령을 알고 나니 현미경으로 볼 수 있는 꼬물꼬물 움직이는 다른 생물도 발견할 수 있었습니다.

어린이 풀장에 띄우는 알루미늄 포일 보트 실험은 어린아이들이 좋아했고, 중학생들은 좀 더 어려운 실험을 좋아했습니다. 지렁이를 모으는 실험은 인기가 엄청났고, 과냉각된 물로 하는 마술 같은 실험에 놀라기도 했습니다. 탐험을 하면서 돋보기와 과학 일지가 야외 실험에 큰 도움이 된다는 사실도 알게 되었습니다.

밖에서 시간을 보내면 저절로 운동이 됩니다. 뭔가를 찾고, 모으고, 실험하려면 계속 움직여야 합니다. 심지어 먼 곳을 관찰하려면 눈의 근육도 써야 합니다. 돋보기로 이끼를 관찰하고 맨발로 호수 바닥을 걷다 보면 자연을 바라보는 새로운 시각을 얻게 됩니다.

어떤 때는 싫다는 아이들을 끌고 나간 적도 있지만, 모두 유익하고 즐거웠습니다. 계절의 향기를 맡고 바람을 느끼며 경이로운 우리 행성을 탐험하는 것은 어떤 것과도 비교할 수 없는 가치가 있습니다. 하루 종일 자연을 탐험하든, 놀이터에서 한 시간을 보내든, 집 앞에서 놀든 간에 이 책에 실린 실험은 여러분을 신기한 과학의 세계로 이끌어 줄 것입니다.

실험에 대하여

이 책은 야외에서 재미있게 할 수 있는 52개의 과학 실험을 소개합니다. 연못 생물을 돋보기로 관찰하는

실험처럼 실내에서 해야 하는 것도 있지만 기본적으로 야외 활동을 원칙으로 합니다.

꽤 많은 실험이 생태계와 그 안에 살고 있는 생명체와 관련이 있기 때문에 그날그날에 맞는 최적의 실험을 하려면 사계절의 변화에 귀를 기울일 줄 알아야 합니다. 따뜻한 계절에 맞는 실험이 많지만 몇몇은 눈이 필요한 실험도 있고 어떤 실험은 눈과 비를 피해 집에서 해야 하는 것도 있습니다.

각 실험마다 실험 과정에 나오는 과학적 용어와 아이디어를 이해하기 쉽게 풀어놓았습니다. 분야별로 자세한 설명이 있어 레시피처럼 따라만 하면 쉽게 성공할 수 있습니다.

- 재료
- 안전 유의 사항
- 실험 순서(설명)
- 실험 속 과학 원리
- 도전 과제

재료는 각 실험에 필요한 준비물을 말합니다. 안전 유의 사항은 실험할 때 따라야 할 상식적인 지침을 알려 줍니다. 실험 순서는 실험 전체를 단계별로 나누어 순서대로 쓴 것입니다. 실험 속 과학 원리는 각 실험에 대한 간단한 과학적인 설명을 덧붙입니다. 도전 과제는 실험을 변형해 보거나 한두 단계 더 깊이 나아갈 수 있는 아이디어를 제안합니다. 도전 과제에서 영감을 얻어 더 많은 질문과 자신만의 독창적인 아이디어를 얻기 바랍니다.

아이들에게는 실험의 과정이 결과만큼 중요하기 때문에 거리낌 없이 탐험할 수 있도록 내버려 두어야 합니다. 수치를 재고, 계량하고, 젓고, 땅을 파고, 옷도 적시는 모든 과정이 과학 체험의 일부입니다. 차가운

시냇물에 맨발로 들어가 샘플을 채집하고 자연과 교감하면 기억에 남을 실험이 됩니다.

돋보기, 박스 테이프, 쌍안경, 깔때기, 현미경 등을 미리 준비해 두면 실험에 도움이 됩니다.

저와 제 아이들은 모든 실험을 같이 했고 여러분도 순서만 잘 따라 하면 성공할 수 있습니다. 하지만 몇 가지 실험은 조금씩 고치고 연습해서 색다른 방법을 써야 할 수도 있습니다. 자연을 연구할 때는 인내심이 필요합니다. 실수하고 문제를 고치는 과정들이 한 번에 성공하는 것보다 배울 점이 많습니다. 많은 과학자들이 실수를 통해 위대한 발견을 해 왔다는 사실을 잊지 마세요.

과학 일지

과학자들은 자신의 연구와 실험을 자세히 적어 놓은 일지를 가지고 있습니다. 문제를 해결하기 위한 과학적 방법에는 질문하기, 관찰하기, 실험하기가 있습니다. 자신만의 과학 모험을 적어 내려가는 과학 일지를 만드는 일은 재미있습니다.

과학 일지를 만들려면 스프링 노트나 작문 노트 또는 종이를 몇 장 묶어서 준비한 다음, 표지에 이름을 씁니다. 야외에서 동물의 생태를 관찰하고 기록하는 영역도 만들어 두세요. 이 영역에는 동물을 관찰한 날짜, 시간, 지역, 온도, 날씨, 흙의 상태 등을 적습니다. 과학 일지의 뒷부분에는 야외에 나가서 발견한 식물, 동물, 바위 등에 대한 정보를 적어 보세요.

아래에 적어 놓은 과학적 방법을 사용해 여러분이 한 실험의 과학 일지를 적어 보세요.

1. 언제 실험을 시작했는가? 페이지 맨 위에 날짜를 씁니다.

2. 무엇을 보고 배우고 싶은가? 의문을 제기합니다. 예를 들어, "베이킹소다와 식초를 섞으면 어떻게 될까?"

3. 무슨 일이 일어날 것 같은가? 가설을 세웁니다. 가설이란 과학적 관찰이나 현상, 문제에 대한 잠정적인 설명입니다. 다시 말해 이미 알고 있는 사실을 가지고 앞으로 어떤 일이 벌어질 것인지 추측하는 것입니다.

4. 가설을 확인하기 위해 실험을 했을 때 어떤 결과가 나왔는가? 크기, 온도, 그림, 사진 등 관찰한 실험 결과를 기록해 놓으세요. 사진은 일지에 붙입니다.

5. 실험이 생각한 대로 진행되었는가? 여러분이 모은 정보(데이터)를 가지고 결론을 내려 보세요. 결과가 생각한 대로 나왔나요? 결과가 가설을 뒷받침하나요?

실험을 마치면 다른 방법으로도 문제를 해결할 수 있는지 생각해 보세요. 실험을 약간 바꾸거나 새로운 시도도 해 보세요. 실험을 통해 배운 지식을 실생활에 적용할 수 있는지 알아보세요. 여러분의 생각을 과학 일지에 적어 놓으세요.

단원 01
매혹적인 생명체

아주 작은 플랑크톤에서 거대한 고래까지 지구에는 놀라울 만큼 다양한 생명체가 살고 있습니다. 우리가 바라보는 모든 곳에 존재합니다.

조류(藻類)처럼 단순하게 자신의 DNA를 복제하여 번식하는 생명체도 있고, 더 복잡한 방법으로 번식하는 생명체도 있습니다. 어떤 동물은 자신의 모습을 극적으로 바꾸는 변태를 거치는데, 이 경우 사는 곳도 바뀝니다. 올챙이는 물에서 땅으로 올라오고 애벌레는 날개를 펴고 나비가 되어 날아갑니다.

곰과 생김새가 비슷해서 물곰이라는 별명을 가진 완보동물은, 변태는 하지 않지만 몸의 수분을 줄여서 극한의 더위나 추위, 방사능 심지어 우주 공간에서도 살아남을 수 있는 생존 능력을 가지고 있습니다.

강이나 개울에 있는 모래나 흙 안에는 엄청 다양한 생명체가 살고 있습니다. 조약돌이나 나뭇가지를 들춰 보면 사나운 포식자인 잠자리 유충이나 민물가재 같은 다양한 생명체를 발견할 수 있습니다.

생명체를 채집하고 관찰하면 우리와 공존하는 경이로운 생명체에 대한 새로운 시각을 가질 수 있습니다. 이 단원에서는 주의할 것이 있습니다. 살아 있는 모든 생명체 몸에는 세균이 살고 있기 때문에, 그 생명체가 여기저기로 질병을 옮기지 않도록 반드시 채집한 곳에 다시 놓아주도록 합니다.

아기자기 대형 무척추동물

재 료

→ 아주 가는 체 또는 망사로 된 밥 상보

→ 흰색 그릇이나 쟁반

→ 굵은 체 또는 방충망 조각(선택 사항)

→ 무척추동물을 들어 올릴 플라스틱 숟가락, 집게 또는 핀셋

→ 그릇 또는 양동이

→ 얼음틀

→ 돋보기

→ 물속 생물 도감

호수나 연못, 개울에서 무척추동물을 채집하여 분류한 다음, 이름을 알아봅시다.

사진 4. 돋보기로 무척추동물을 관찰한다.

안전 유의 사항

– 절대 어린아이를 보호자 없이 물가에 두지 마세요.

– 어린아이가 무척추동물을 채집할 때는 도와주세요.

– 걷기 쉽고 얕은 물가를 찾아보세요.

실험 순서

1단계 : 아주 가는 체로 물 가장자리에서 모래와 진흙을 뜬다. (사진 1, 2)

2단계 : 방충망이나 굵은 체가 없다면, 진흙을 그냥 흰색 그릇이나 쟁반에 붓고 움직임을 관찰한다. (사진 3)

3단계 : 방충망이나 굵은 체가 있다면, 체를 흰색 그릇이나 쟁반 위에 놓고 거기에 진흙을 붓는다. 10분간 기다린다. 몇몇 무척추동물은 망을 통과해 아래로 떨어질 것이다. 남아 있는 진흙을 다른 흰색 그릇에 붓는다.

4단계 : 숟가락이나 집게, 핀셋 또는 손가락으로 무척추동물을 조심스레 들어 올린다. 달팽이나 조개, 가재같이 큰 무척추동물은 잡은 곳의 물을 받아 놓은 그릇에 넣는다. 작은 무척추동물은 얼음틀에 넣어 둔다.

5단계 : 무척추동물을 돋보기로 관찰한다. 다리가 몇 개이고 어디서 잡았는지 기록한다. 과학 일지에 그림을 그려 넣는다. 움직임이나 특성에 대해서도 기록한다. (사진 4)

6단계 : 물속 생물 도감*을 보고, 자기가 잡은 무척추동물을 찾아본다.

7단계 : 동물들을 잡았던 곳에 놓아준다.

---

* 물속 생물의 이름을 찾을 수 있는 식별표를 다음에서 다운로드할 수 있다. https://stroudcenter.org/wp-content/uploads/MacroKey_Complete.pdf

사진 1. 진흙을 뜬다.

사진 2. 진흙을 좀 더 채취한다.

사진 3. 진흙을 흰색 그릇에 붓는다.

실험 속 과학 원리

대형 무척추동물이란 현미경 없이 관찰 가능한 척추가 없는 동물입니다. 조개, 달팽이, 지렁이, 가재 등이 여기에 속하는데, 대부분의 대형 무척추동물은 수생 곤충입니다. 이 생물들은 조류나 식물을 먹어 치우고, 먹이 사슬의 상위 포식자인 물고기 같은 육식 동물이나 잡식 동물의 먹이가 되기 때문에 생태계에서 중요한 역할을 합니다.

비록 척추는 없지만 대형 무척추동물 중에는 사나운 것도 있습니다. 예를 들어 잠자리 유충은 올챙이나 피라미를 잡아먹습니다.

몇몇 과학자들은 주기적으로 대형 무척추동물을 조사합니다. 왜냐하면 대형 무척추동물의 다양성과 개체수가 수질과 생태계의 건강을 가늠하는 척도가 되기 때문입니다.

도전 과제

1. 혹시 바닷가 근처에 사나요? 바닷가 모래 속에 사는 대형 무척추동물을 찾아보세요.

2. 개울이나 강에서 뜰채로 대형 무척추동물을 잡아 보세요. 물가 진흙에서 잡았던 무척추동물이 있나요?

3. 흙을 파서 체로 걸러 보세요. 어떤 흙에서 대형 무척추동물을 발견할 수 있나요?

물곰 사냥을 떠나요

재 료

→ 나무에서 살살 긁어모은 지의류와 이끼*

→ 물병

→ 배양 접시

→ 현미경

---

* 지의류(lichen)는 곰팡이에 속하며 포자로 번식하는 반면, 이끼(moss)는 식물로 분류한다.

안전 유의 사항

– 지의류와 이끼를 많이 모으세요.

– 어린아이가 완보동물을 찾으려면 도움이 필요합니다. 하지만 현미경으로 관찰하면 정말 좋아할 거예요.

– 첫 번째 시도에서 발견하지 못했다고 실망하지 마세요. 계속 찾다 보면 언젠가는 만나게 될 거예요!

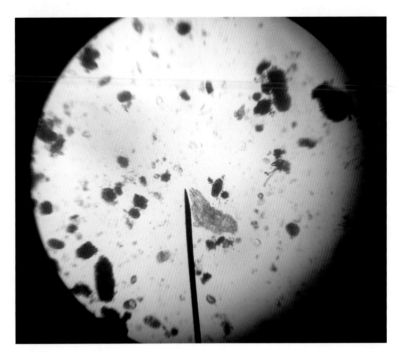

이끼에서 아주 작은 완보동물을 찾아보세요.

사진 5. 완보동물은 작은 벌레나 이상한 돼지처럼 보인다.

실험 순서

1단계 : 나무에서 이끼와 지의류를 찾는다. 이끼는 녹색을 띠고 부드러운 반면, 지의류는 청록색이나 청회색을 띠고 나무 표면에서 주름진 껍질 형태로 자란다. 살살 긁어모아 준비한 통에 담아 집으로 가져온다. (사진 1)

2단계 : 만약 이끼나 지의류가 말라 있다면 생수를 반쯤 잠기게 붓고 밤새 내버려 둔다. 축축하고 부드러운 상태라면 생수를 반쯤 잠기게 붓고 5~10분간 둔다. (사진 2)

3단계 : 완보동물을 찾을 준비가 됐으면 조심스레 이끼와 지의류를 물에서 꺼내 배양 접시 위에서 흔들어 접시에 물을 모은다. 이끼의 남은 물기를 꽉 짜서 물이 접시 바닥을 얕게 덮을 정도로 만든다. (사진 3)

4단계 : 현미경의 가장 낮은 배율 렌즈로 배양 접시의 물을 관찰한다. 배양 접시 바닥에 내용물이 가라앉을 때까지 몇 분 정도 기다린 다음 관찰하는 게 좋다. 약간 투명하면서 분홍색을 띠는 것이 움직이는지 관찰한다. (사진 4)

사진 1. 사진처럼 생긴 지의류나 나무껍질에서 자라고 있는 이끼를 찾는다.

사진 2. 이끼를 물에 담근다.

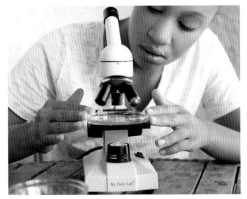
사진 3. 이끼의 물을 배양 접시에 털어 내고 짜서 모은다.

사진 4. 현미경으로 완보동물을 찾는다.

5단계 : 완보동물은 다리가 8개라 다른 생물과 구별하기 쉽다. 애벌레 같기도 하고 이상한 돼지 같기도 하다. (사진 5)

6단계 : 일단 완보동물을 찾으면 화면의 가운데로 옮긴 다음 배율을 높여서 관찰한다.

7단계 : 사진이나 동영상을 촬영하거나 과학 일지에 그림을 그린다. 141쪽에 우리가 찾은 완보동물의 동영상을 올려놓았다.

도전 과제

땅과 나무에서 이끼와 지의류를 모아 보세요. 어디에 완보동물이 더 많을 것 같나요? 자신의 추측이 맞았나요? 과학 일지에 결과를 기록하세요.

실험 속 과학 원리

완보동물이란 '천천히 걷는 동물'이란 뜻입니다. 작고 경이로운 이 동물의 또 다른 이름은 물곰입니다. 강인한 생명력을 가진 완보동물은 강이나 바다, 육지 어디에서나 발견할 수 있습니다. 육지에서 사는 완보동물은 축축하고 습기 많은 이끼나 지의류에서 많이 발견됩니다.

거주지가 건조해지면 자신의 수분을 없애 몸무게를 97%까지 줄입니다. 마른 대추처럼 변한 이 모습을 **툰(tun)**이라고 합니다. 완보동물이 이런 휴면 상태에 들어가면 극한의 더위나 추위, 화학 물질 그리고 우주 공간의 방사능 속에서도 생존할 수 있습니다. 수분만 더해 주면 다시 살아납니다.

완보동물은 0.5mm밖에 안 되기 때문에 현미경으로 관찰해야 합니다. 완보동물은 나무에서 서식하는 생명체 중 절지동물(곤충)과 선형동물(작은 벌레)과 비슷하지만 별개의 완보동물문으로 분류합니다.

트랜스포머 올챙이

재 료

→ 물을 담을 용기

→ 올챙이를 잡을 뜰채나 양동이

→ 올챙이를 키울 큰 그릇

→ 끓는 물에 5분간 데친 상추를 잘게 다진 것(올챙이 먹이)

안전 유의 사항

- 절대 어린아이를 보호자 없이 물가에 두지 마세요.

- 수돗물에 있는 염소 성분 때문에 올챙이가 죽을 수 있어요. 절대 수돗물을 사용하지 마세요.

- 항상 생태계 보전에 대한 규정을 따르고 질병과 외래종의 확산을 막기 위해 개구리와 두꺼비는 반드시 잡은 곳에 다시 놓아주세요. 그래야 올챙이를 다시 잡을 수 있어요!

사진 2. 염소 성분이 없는 물에 올챙이를 넣는다.

올챙이가 개구리나 두꺼비로 변신하는 과정을 관찰해 보세요.

실험 순서

1단계 : 살고 있는 지역의 생태계 보전 규정을 알아보고 올챙이를 잡는다. 웅덩이, 분수, 호수나 연못을 뒤지면 올챙이를 찾을 수 있다. 규정상 올챙이를 잡을 수 없다면, 자연 서식지에서 관찰만 한다.

2단계 : 물에서 올챙이를 발견했다면 그 물을 준비해 간 용기에 담는다. 뜰채로 몇 마리 잡아서 넣는다. 나중에 올챙이 서식지를 만들기 위해 조류와 물을 더 담아 간다. (사진 1, 2)

3단계 : 올챙이가 숨을 쉴 수 있도록 큰 그릇과 망을 준비한다. 가져온 물과 조류로 서식지를 꾸민다. 올챙이가 자라서 개구리나 두꺼비가 되면 올라가서 쉴 수 있도록 돌도 넣어 준다. (사진 3)

4단계 : 올챙이를 서식지에 넣고 매일 관찰하고, 필요하면 물을 조금씩 넣어 준다. 물을 채울 때 돌이 물에 잠기지 않도록 한다.

5단계 : 익힌 상추로 만든 올챙이 먹이를 이틀에 한 번씩 준다.

사진 1. 뜰채로 올챙이를 잡는다.

사진 3. 올챙이 서식지를 만든다.

사진 4. 처음 올챙이를 잡았던 곳에 개구리나 두꺼비를 놓아준다.

사진 5. 몇 마리가 개구리로 변했는지 관찰해 보세요!

6단계 : 며칠 간격으로 올챙이 모습을 과학 일지에 그려 본다. 다리가 자라고 꼬리가 사라지는 모습을 보게 될 것이다.

7단계 : 개구리가 되면 스스로 먹이를 찾을 수 있도록 원래 잡았던 곳에 놓아 준다. (사진 4, 5)

도전 과제

변태 과정을 자세히 적어 보세요. 언제 가장 활발히 움직이고, 움직임이 가장 적을 때는 언제인가요? 뒷다리가 나오고 앞다리가 나오고 꼬리가 없어지는 데 며칠이 걸리나요? 모든 올챙이가 같은 기간에 개구리가 됐나요?

실험 속 과학 원리

성체와 새끼가 다른 환경에서 서식하면 이로운 점이 있습니다. 물에서 사는 올챙이는 초식 동물로 대부분 조류나 식물을 먹지만, 마른 땅에서 지내는 개구리나 두꺼비는 곤충이나 다른 동물을 잡아먹고 삽니다. 즉 새끼와 성체가 먹이를 두고 경쟁하지 않는다는 뜻입니다.

알에서 나온 올챙이는 자라면서 말 그대로 '모양을 바꾸는' **변태** 과정을 거칩니다. 올챙이의 폐가 발달하면서 뒷다리가 나오고 앞다리가 나오고 꼬리가 사라집니다. 입도 점점 커져서 개구리나 두끼비로 변해 갑니다.

변태 과정은 작은 두꺼비는 두 달 정도 걸리고, 변태를 겪기 전 아주 큰 올챙이로 자라는 황소개구리 같은 종은 2년씩 걸리기도 합니다.

나비 정원

재 료

→ 나비가 주로 알을 낳는 금관화나 딜* 같은 식물

→ 적당히 물을 채운 컵이나 꽃병

→ 알루미늄 포일이나 비닐 랩

→ 뚜껑 달린 큰 용기

→ 정원에 심을 나비가 좋아하는 식물이나 씨(선택 사항)

* 허브 중의 하나.

안전 유의 사항

– 나비가 날개를 접었을 때 엄지와 검지로 살짝 집어서 잡는다.

– 번데기를 옮겨야 한다면 나뭇가지에 연결된 꼭지를 실로 잘 묶은 다음 떼어 내서 안전한 곳에 매달아 둔다. 이때 번데기를 떨어뜨리지 않도록 정말 조심한다.

사진 6. 나비가 좋아하는 식물을 정원에 심는다.

애벌레가 나비로 변신하는 놀라운 과정을 관찰해 보세요.

실험 순서

1단계 : 나비가 알을 잘 낳는 식물을 찾아보고 알의 생김새도 알아본다. 나뭇잎을 뒤집어서 알이나 애벌레를 찾는다. 나비 알은 옷핀 머리 정도 크기로 아주 작고 색도 연하다. (사진 1)

2단계 : 알이나 애벌레를 발견했다면 나뭇가지째 집으로 가져온다. 그 나무의 잎이나 가지를 가져와 애벌레 먹이로 쓴다. (사진 2)

3단계 : 나뭇가지를 물을 채운 컵이나 꽃병에 꽂는다. 병 입구를 포일이나 랩으로 잘 감싸서 애벌레가 물속에 빠지지 않게 한다.

4단계 : 알이 부화해서 애벌레로 자라는 과정을 관찰한다. 나뭇가지가 마르거나 애벌레가 잎사귀를 다 먹어버리면 새로운 나뭇가지로 대체한다. (사진 3)

5단계 : 애벌레가 번데기가 되어 거꾸로 매달릴 때까지 매일 관찰한다. 신선한 잎사귀만 제공해 주면 알아서 물과 영양분을 섭취한다. (사진 4)

6단계 : 번데기에서 나비가 나오면 적어도 하루 정도는 그대로 내버려 둔다. 날개에 수분을 공급하기 위해 하루 정도 거꾸로 매달려 있어야 한다. (사진 5)

사진 1. 알이나 애벌레를 찾는다.

사진 2. 알이나 애벌레를 찾았으면 나뭇가지째 집으로 가져와 물에 꽂아 둔다.

사진 3. 애벌레가 자라는 과정을 관찰한다.

사진 4. 애벌레가 번데기로 변태한다.

7단계 : 나비를 놓아준다.

8단계 : 다음 해에 더 많은 애벌레를 찾기 위해 나비가 좋아하는 식물을 정원에 심는다. 알을 낳을 수 있는 곳을 제공해 주면 나비가 번식하는 데 도움이 된다. (사진 6)

사진 5. 번데기에서 나온 나비가 거꾸로 매달려 있게 둔다.

도전 과제

애벌레의 성장 과정을 과학 일지에 계속 기록합니다. 길이를 매일 재고 번데기에서 나비가 되는 데 며칠이 걸리는지 기록합니다.

실험 속 과학 원리

자연에서 제왕나비가 알에서 나비가 되는 비율은 불과 5%밖에 되지 않습니다. 하지만 안전한 집으로 데려오면 나비가 될 확률이 훨씬 높아집니다.

애벌레는 놀랄 만한 속도로 자랍니다. 3.6kg의 아이가 2주 만에 트럭만 한 크기로 자란다고 생각하면 됩니다. 변태가 진행됨에 따라 통통하고 꼬물꼬물한 애벌레가 랜턴 모양의 번데기가 되고, 다시 우아한 나비로 변하는 모습은 정말 신기합니다.

나비는 알을 많이 낳는데, 그중에 제왕나비 암컷은 금관화에 알을 400개 정도 낳습니다. 그런데 알을 다른 금관화나 다른 잎사귀에 하나씩만 낳을 정도로 까다롭습니다. 그래서 나비가 충분히 알을 낳을 수 있도록 나무가 많아야 합니다.

단원 02
앞마당 물리학

공중으로 무언가를 날리는 일은 정말 신납니다. 비닐 봉지 낙하산을 매단 물 로켓을 직접 만들면서 항공 공학을 체험해 봅시다. 앞마당과 공원은 구심력과 베르누이 효과, 광학에 이르기까지 물리학 개념을 실험하기에 안성맞춤입니다. 무언가를 멀리 날리고 싶다면 투석기를 만들어 보세요.

투석기는 아주 오래전에 개발된 전쟁 무기입니다. 초창기 투석기를 노포라고 불렀는데 커다란 석궁처럼 생겼습니다. 투석기에는 양동이가 달린 기다란 나무 팔이 있는데 밧줄로 장력을 조절합니다. 중세의 투석기는 무거운 무게추로 발사체를 쏘아 요새나 성벽에 가능한 많은 피해를 입히도록 설계되었습니다. 이 투석기로 전사들은 수많은 돌이나 불덩어리를 성벽 너머로 날렸습니다.

이 단원에서는 빨래집게와 나무 막대로 작고 조금은 덜 위험한 투석기를 만들어 볼 것입니다.

비닐봉지 낙하산

재료

→ 가위

→ 30 X 30cm 크기의 비닐봉지

→ 원형 양면테이프

→ 면실, 털실 또는 자수용 실

→ 박스 테이프

→ 1L짜리 빈 페트병

→ 공기 주입 바늘

→ 병 입구에 맞는 코르크, 반으로 잘 라서 준비

→ 자전거펌프

→ 물

→ 보호안경

→ 신발 상자 같은 작은 상자

안전 유의 사항

– 물 로켓을 발사할 때 반드시 보호안 경을 씁니다.

– 코르크를 반으로 자르고 공기 주입 바 늘을 끼우는 작업은 어른이 하세요.

자전거펌프로 쏘아 올 린 물 로켓이 서서히 내 려오도록 비닐봉지 낙 하산을 설계해 보세요.

사진 4. 낙하산이 잘 만들어졌 나 확인하기 위해 로켓을 쏘 아 본다.

사진 1. 낙하산 줄을 병의 바닥에 붙인다.

사진 2. 코르크에 공기 주입 바늘을 밀어 넣는다.

사진 3. 로켓에 물을 넣는다.

실험 순서

1단계 : 낙하산으로 쓸 비닐봉지를 30 X 30cm 크기로 자른다.

2단계 : 30cm 길이의 실을 4개 준비한다. 원형 양면테이프로 실을 낙하산의 네 귀퉁이에 단단히 고정한다.

3단계 : 박스 테이프로 낙하산의 줄을 페트병 바닥에 단단히 고정한다. (사진 1)

4단계 : 공기 주입 바늘을 코르크에 밀어 넣은 다음. 자전거펌프에 연결한다. (사진 2)

5단계 : 페트병에 물을 4분의 1 정도 채우고, 입구를 자전거펌프에 연결된 코르크로 꽉 막는다. (사진 3)

6단계 : 보호안경을 쓰고 신발 상자 안에 병 입구가 자신 쪽으로, 병 바닥이 반대쪽 위를 향하도록 페트병을 놓는다.

7단계 : 로켓이 발사될 때까지 공기를 주입한다. (사진 4)

8단계 : 실험이 원하는 대로 되지 않았다면 낙하산을 다시 만들어 실험해 본다.

실험 속 과학 원리

병 안의 공기압이 올라가면 코르크와 물을 병 입구로 밀어내고, 이 힘의 반대방향으로 로켓이 날아갑니다. 중력은 로켓을 다시 땅으로 끌어당기는데, 이때 낙하산의 넓은 표면 때문에 공기 저항이 커지고 로켓은 천천히 떨어집니다.

낙하산의 모양. 실의 길이, 낙하산의 재질은 공기의 흐름과 떨어지는 물체의 속도에 영향을 줍니다. 낙하산 가운데에 구멍을 뚫으면 공기의 흐름을 조절할 수 있어 안정적으로 비행할 수 있습니다.

도전 과제

1. 낙하산의 모양을 바꿔 보세요. 낙하산에 구멍을 뚫거나 실을 더 달면 어떻게 될까요?

2. 로켓에 넣은 물의 양에 따라 올라가는 높이가 어떻게 달라지는지 실험해 보세요.

미니 투석기

재 료

→ 페인트 젓기용 나무 막대 3개 이상

→ 빨래집게 또는 봉지 집게

→ 철사

→ 박스 테이프

→ 못

→ 망치

→ 튼튼한 나무 판이나 나무 상자

→ 윗부분을 3분의 2 정도 잘라낸 종이컵

안전 유의 사항

− 절대 사람에게 발사체를 날리지 않습니다.

나무 막대와 집게로 미니 투석기를 만들어 보세요.

사진 2. 투석기의 위쪽 팔에 테이프로 종이컵을 붙인다.

사진 1. 나무 막대 두 개를 겹쳐 길이를 연장한 다음 나무 상자에 못으로 고정한다.

사진 3. 종이컵에 발사체를 넣고 나무 팔을 뒤로 당긴다.

실험 순서

1단계 : 철사와 박스 테이프로 집게 양쪽 손잡이와 나무 막대를 연결한다. 이렇게 하면 집게가 커다란 V자 모양이 된다.

2단계 : 길이를 늘리기 위해 세 번째 나무 막대를 집게에 달린 나무 막대 하나에 적당히 겹쳐서 나무 상자에 고정한다. (사진 1)

3단계 : 공중을 향하고 있는 나무 막대 끝에 종이컵을 달아 투석기의 발사 장치를 만든다. (사진 2)

4단계 : 종이컵 안에 마른 콩이나 마시멜로 등을 넣고 나무 막대를 아래로 잡아당겼다가 놓는다. (사진 3, 4)

5단계 : 크기가 다른 물체를 날려서 비행 거리를 재어 본다. 어디쯤 떨어질지 맞춰 보자.

사진 4. 투석기의 팔을 놓는다.

도전 과제

투석기의 팔 길이를 바꿔 보세요. 나무 막대가 긴 것이 멀리 날아갈까요? 아니면 짧은 것이 멀리 날아갈까요?

실험 속 과학 원리

투석기는 고대에 발사체를 쏘는 전쟁 무기로 개발되었습니다. 실험의 투석기는 중세 투석기를 모델로 한 것입니다. 투석기의 위쪽 팔은 **받침점**이 되는 집게에 연결되어 있고 포탄은 종이컵에 넣어 발사합니다.

근육의 힘으로 위쪽 나무 막대를 누르면 스프링에 위치 에너지가 저장됩니다. 이때 나무 막대를 놓으면 위치 에너지는 운동 에너지로 전환됩니다. 나무 막대와 발사체는 빠르게 튕겨 올라가지만 스프링은 움직일 수 있는 한계에 다다르면서 갑자기 멈추게 됩니다. 물리 법칙에 따르면 움직이는 물체는 계속 움직이려고 하는 성질이 있습니다. 따라서 발사체는 계속 날아갑니다. 하지만 결국에는 중력이 발사체를 지구로 끌어당깁니다. 발사체가 날아간 길을 **궤적**이라고 합니다.

종이 상자 프로젝터

재 료

→ 스마트폰이나 태블릿

→ 신발 상자(스마트폰용) 또는 큰 포장 상자(태블릿용)

→ 돋보기 또는 확대 시트

→ 가위나 칼

→ 테이프

→ 프로젝터를 올려놓을 상자나 테이블

→ 스크린으로 사용할 흰색 벽면

사진 5. 즐겁게 감상한다!

종이 상자와 돋보기로 스마트폰이나 태블릿을 위한 프로젝터를 만들어 보세요.

안전 유의 사항

– 프로젝터를 만들 때 날카로운 도구를 사용하기 때문에 고학년 아이들이 실험하는 게 좋습니다.

– 소형 전자 제품은 충분한 빛을 내지 못하기 때문에 집에서 만든 프로젝터는 화질이 떨어집니다. 하지만 비디오도 보면서 과학도 배울 수 있어 일석이조입니다.

실험 순서

1단계 : 스마트폰이나 태블릿의 밝기와 볼륨을 최대로 한다.

2단계 : 스마트폰이나 태블릿을 상자 안 한쪽 끝에 붙여 세운 다음, 장치 윗부분이 닿는 곳을 표시한다.

3단계 : 표시한 선을 참고하여 돋보기 또는 확대 시트의 중심이 장치의 중심과 맞도록 위치를 잡고 그 둘레를 연필로 그린다. 그리고 가위나 칼로 그린 윤곽선보다 조금 작게 구멍을 낸다. 돋보기의 경우 중심을 맞추려면 손잡이를 제거해야 할 수도 있다. (사진 1)

4단계 : 자른 구멍에 렌즈를 대고 테이프로 고정한다. 확대 시트를 사용한다면 홈이 있는 부분이 안으로, 매끈한 부분이 밖으로 가도록 붙인다. (사진 2, 3)

5단계 : 스마트폰의 화면 회전 기능을 꺼서 이미지가 뒤집어지지 않도록 한다. 그리고 초점을 맞추기에 적당한 사진을 띄워 둔다.

6단계 : 어두운 야외나 방에서 프로젝터를 시험해 본다. 장치는 위아래를 뒤집어 돋보기 반대편에 고정한다.

7단계 : 프로젝터를 박스나 테이블 위에 놓고 문이나 벽, 천 등의 하얗고 평평한 표면에 초점을 맞춘다. 초점거리는 장치와 돋보기 사이의 거리와 돋보기 배율에 따라 달라지므로, 프로젝터를 앞뒤로 움직이면서 초점을 맞춰야 한다. 이미지를 확대하려면 박스를 스크린에서 멀리 놓고 박스 안에 있는 장치를 앞으로 당기면서 초점을 맞추면 된다. 이때 장치는 반드시 박스 바닥과 90도를 유지해야 한다. (사진4)

8단계 : 초점을 맞췄으면 장치가 박스에 잘 고정되어 있는지 확인하고 뚜껑을 덮거나, 타월로 덮어 빛을 차단한 다음 영화를 즐긴다! (사진 5)

사진 1. 확대 시트를 붙일 입구를 자른다.

사진 2. 이것은 확대 시트로 만든 프로젝터이다.

사진 3. 이것은 돋보기로 만들 신발 상자 프로젝터이다.

사진 4. 거리를 조절하면서 이미지의 초점을 맞춘다.

실험 속 과학 원리

장치에서 나오는 빛이 프로젝터의 렌즈를 통과하면 렌즈의 반대쪽에 위아래가 뒤집힌 이미지가 보입니다. 빛의 방향이 바뀌는 이 현상을 **굴절**이라고 합니다.

빛은 광원에서 출발해 곧게 나아가지만 렌즈 같은 새로운 매질을 만나면 속도가 느려지면서 방향이 바뀝니다. 렌즈의 모양과 두께에 따라 빛이 초점을 맺는 방법과 위치가 달라집니다. 이런 렌즈 고유의 특성을 이용한 안경, 망원경, 현미경 모두 물건을 더 잘 볼 수 있도록 도와줍니다.

장치와 렌즈, 스크린 사이의 거리를 조절해서 초점이 잘 맞도록 하는 것이 중요합니다. 돋보기는 이미지를 뒤집기 때문에 제대로 보려면 스마트폰을 거꾸로 놓아야 합니다. 우리의 눈 속 렌즈도 이미지를 뒤집어 맺지만 뇌가 다시 뒤집어 주기 때문에 제대로 볼 수 있는 것입니다.

도전 과제

1. 성능이 더 좋은 프로젝터를 만들 수 있나요? 박스의 크기가 이미지에 어떤 영향을 미치나요?

2. 프로젝터에 돋보기를 하나 더 달면 이미지에 어떤 변화가 생길까요?

3. 더 밝은 화면을 가진 노트북이면 더 크고 선명한 이미지를 만들 수 있을까요?

양말 원심 분리기

재 료

→ 두 가지 색(예를 들어 빨간색과 초록색) 컵 젤리 4개(85~115g짜리)

→ 유리구슬 20개

→ 박스 테이프

→ 양말 한 켤레

→ 요리용 면실 같은 튼튼한 끈 120cm 길이 몇 개

→ 2L짜리 페트병의 주둥이와 목 부분을 가위로 잘라서 준비하거나 지름이 2cm인 플라스틱 튜브 작은 것

안전 유의 사항

– 유리구슬을 삼키면 위험할 수 있으니 어린아이는 반드시 어른이 지켜 봐 주세요.

– 튼튼한 끈이 없다면 컵 젤리를 긴 양말 안에 넣고 돌려 주세요. 어린아이는 이렇게 실험하는 것이 더 좋습니다.

– 실험한 젤리를 먹지 마세요.

양말을 돌리면서 원심력에 대해 배워 봅시다.

사진 3. 머리 위로 컵 젤리가 들어 있는 양말을 돌린다.

실험 순서

1단계 : 컵 젤리의 뚜껑을 따 주세요.

2단계 : 같은 색깔의 컵 젤리 2개를 준비해서 윗부분에 유리구슬을 한 겹 깔아 주세요. 젤리 안으로 구슬을 억지로 밀어 넣지 마세요. (사진 1)

3단계 : 구슬이 들어 있는 컵 젤리 위에 다른 색깔의 컵 젤리를 뒤집어서 덮은 다음, 컵 2개가 만나는 부분을 구슬이 보이도록 투명 테이프로 붙인다. (사진 2)

4단계 : 각 양말에 같은 색깔의 젤리 컵이 양말 코 부분으로 가도록 넣는다. 어떤 색깔을 양말 코에 두었는지 기록한다.

5단계 : 끈을 페트병 목이나 튜브 사이에 넣고 준비한 양말을 끈 양쪽에 하나씩 단단하게 매단다.

6단계 : 양말 하나를 땅에 놓은 다음, 오른손으로 튜브를 잡고 왼손으로는 아래로 늘어진 끈을 잡는다.

7단계 : 일어서서 튜브를 잡은 오른손을 머리 위로 올려 원을 그리면서 돌린다. 왼손으로는 원심 분리기의 중심을 잡는다. 원을 빨리 돌릴수록 왼손으로 잡고 있는 끈이 딸려 올라갈 것이다.

사진 1. 컵 젤리 위에 구슬을 채운다.

사진 2. 컵 젤리 2개를 테이프로 붙인다.

사진 4. 끈이 없다면 긴 양말로 원심 분리기를 만든다.

사진 5. 돌린 다음 구슬에 어떤 변화가 생겼는지 관찰한다.

8단계 : 더 세게 가능한 한 많이 돌린다. 힘들면 쉬어도 되지만 컵 젤리가 바닥을 치지 않도록 조심한다. (사진 3, 4)

9단계 : 양말에서 컵 젤리를 꺼내 구슬을 관찰한다. (사진 5)

도전 과제

1. 아래쪽 양말 무게를 바꾸면 어떤 변화가 생기는지 실험해 보세요. 위쪽 양말을 천천히 돌릴 때 왼손으로 줄을 잡지 않으려면 아래쪽 양말의 무게를 얼마로 해야 할까요?

2. 색깔이 다른 젤리의 경계가 섞이도록 양말을 열심히 돌려 보세요. 크기가 다른 구슬을 섞어 넣으면 어떻게 되는지 실험해 보세요. 밀도가 높은 물질이 바깥으로 이동하는지 확인해 보세요.

실험 속 과학 원리

있는 힘껏 양말을 돌렸다면 구슬이 양말 코 쪽으로 이동했을 겁니다.

자동차가 급커브를 돌 때는 바퀴의 마찰 때문에 도로에서 튕겨나가지 않습니다. 마찬가지로 이 실험에서는 컵 젤리와 구슬이 원을 그리며 돌 수 있도록 끈이 잡아 줍니다. 만약에 끈이 없었다면 모든 내용물이 바깥으로 날아갔을 것입니다!

양말을 돌리는 동안 젤리는 구슬이 제자리에 있도록 잡아 줍니다. 하지만 구슬이 젤리보다 밀도가 높기 때문에 충분히 빠르게 돌렸다면 구슬은 젤리를 파고 들면서 중앙에서 점점 더 멀리 이동하게 됩니다.

양말을 빨리 돌릴수록 회전하는 데 힘이 더 필요합니다. 왼손으로 잡고 있는 끈은 돌리고 있는 양말이 날아가버리지 않도록 잡아 주는 힘을 제공합니다. 양말을 더 빠르고 멀리 돌리면 왼손이 끌려 올라가는 느낌을 받을 것입니다.

베르누이 효과

재 료

→ 가위

→ 좁고 긴 비닐봉지 (신문 비닐, 우산 비닐 등) 3개

→ 원형 또는 일반 양면테이프

안전 유의 사항

– 어린이가 비닐봉지를 만질 때는 어른 이 지켜봐 주세요.

바람을 후~ 불어서 마술처럼 신문 봉지 풍선을 만들어 봅시다.

사진 4. 비닐봉지와 입을 10cm 정도 띄운 상태에서 후~ 불어 풍선을 부풀린다.

실험 순서

1단계 : 비닐봉지 2개의 끝부분을 자른다. (사진 1)

사진 1. 비닐봉지 2개의 끝부분을 자른다.

사진 2. 비닐봉지 3개를 이어 붙여 기다란 봉지를 만든다.

사진 3. 비닐봉지에 입술을 대고 바람을 불어넣는다.

2단계 : 끝부분을 자르지 않은 비닐봉지가 맨 끝에 가도록 해서 테이프로 비닐봉지 3개를 이어 붙인다. (사진 2)

3단계 : 비닐봉지를 아래로 늘어뜨린 채 입구에 입을 대고 바람을 불어 넣는다. 몇 번을 불어야 봉지가 부푸는지 세어 본다. (사진 3)

4단계 : 이제 다른 사람이 비닐봉지 반대편을 든다. 봉지 입구에서 입을 10cm 정도 떼고 길고 일정하게 숨을 불어 넣는다. 제대로 했다면 한 번만 불어도 봉지가 공기로 가득 차게 된다. (사진 4)

도전 과제

베르누이 원리를 보여주는 다른 실험도 찾아보고 도전해 보세요.

실험 속 과학 원리

얇은 종이를 5 x 13cm 정도로 잘라서 입술 아래에 대고 불면 종이가 공중에 뜹니다. 다니엘 베르누이는 액체나 가스 같은 흐르는 성질이 있는 유체를 연구한 과학자입니다. 베르누이는 유체가 빠르게 움직이면 그 속의 압력이 낮아진다는 사실을 발견했습니다.

입으로 종이를 불면 종이 위로 흐르는 공기의 압력이 낮아집니다. 그 결과 종이 아랫부분의 압력이 위보다 높아져 종이를 밀어 올리게 됩니다. 비행기 날개 아래에 작용하는 양력이 이와 같은 원리입니다.

실험에서 기다란 비닐봉지를 한 번후~ 불어서 부풀렸습니다.

베르누이의 원리에 의하면 빠른 공기의 흐름 때문에 낮아진 압력을 채우기 위해 주위의 공기가 비닐봉지 안으로 빨려 들어가기 때문입니다.

단원 03
무척추동물 관찰

개체 수만 따진다면 지구는 무척추동물이 지배하고 있습니다. 무척추동물은 곤충과 거미류에서 달팽이, 벌레(기생충), 원생동물이라 불리는 단세포 생물까지 지구에 존재하는 동물 종의 90% 이상을 차지합니다.

어떤 무척추동물은 현미경으로 관찰해야 보이지만 독성물질이 나오는 심해 열수구 근처에 사는 갈라파고스 민고삐수염벌레는 2m까지 자라기도 합니다.

집 근처에 사는 무척추동물을 관찰할 수 있는 실험이 많이 있습니다. 이름뿐만 아니라 행동 습성도 알아보고 집으로 가져와 자세히 관찰할 수도 있습니다. 관찰하다 보면 무척추동물이 무척 흥미로운 존재라는 것을 알게 될 것입니다.

이 단원에서는 벌레집을 만들고 절지동물을 채집하고 편형동물 낚시도 하고 지렁이도 건드려 볼 것입니다.

재 료

→ 공벌레나 쥐며느리 10~20마리(잡는 법은 실험 순서 참고)

→ 벌레를 집으로 가져올 때 쓸 병이나 용기

→ 직사각형 플라스틱 상자와 골판지 또는 2L짜리 우유팩 2개

→ 가위와 커터칼

→ 박스 테이프

→ 키친타월 또는 흙

→ 검은색 또는 갈색 도화지

안전 유의 사항

– 커터칼로 구멍을 낼 때는 어른이 지켜봐 주세요.

– 이 실험을 거미나 다른 곤충으로 하지 마세요. 물리거나 쏘일 수 있어요. 독사가 나오는 동네에 산다면 곤충을 채집하면서 돌이나 통나무를 들출 때 조심하세요.

연결된 작은 집을 만들어서 공벌레와 쥐며느리를 관찰해 봅시다.

사진 5. 벌레의 습성을 관찰한다.

실험 순서

1단계 : 돌이나 통나무를 들춰 쥐며느리와 공벌레를 채집한다. 보통 6~13mm 길이로 7쌍의 다리가 있고 몸에는 갑옷 같은 마디가 있다. 공벌레는 쥐며느리와 달리 몸을 작은 공처럼 말 수 있다. (사진 1, 2)

2단계 : 플라스틱 상자를 둘로 나눌 수 있게 딱 맞는 크기로 골판지를 자른다. 골판지 중간 부분에 5cm 길이의 구멍을 뚫어 벌레가 지나다닐 길을 만든다. 골판지를 테이프로 상자에 고정한다. (사진 3)

또는 종이 우유팩 두 개를 10cm 높이로 자른다. 바닥에서 1cm 높이에 구멍을 똑같이 뚫는다. 두 우유팩의 구멍을 맞추어 테이프로 고정한다. (사진 4)

사진 1. 쥐며느리나 공벌레를 채집한다.

사진 2. 돌이나 나무 조각을 들춰 본다.

사진 3. 둘로 나눈 플라스틱 상자에 벌레집을 만든다.

사진 4. 우유팩으로도 만들 수 있다.

3단계 : 한쪽에는 젖은 키친타월이나 축축한 흙을 깔고 다른 쪽에는 마른 키친타월이나 마른 흙을 깔아 벌레가 양쪽을 왔다 갔다 할 수 있도록 만든다.

4단계 : 양쪽에 같은 수의 벌레를 넣고 한 시간가량 관찰한다. 15분마다 축축한 쪽의 벌레 수와 마른 쪽의 벌레 수를 기록한다. (사진 5)

5단계 : 다시 양쪽에 같은 흙을 깔고 같은 수의 벌레를 넣은 다음, 한쪽은 도화지로 덮어 빛을 차단하고 다른 쪽은 그대로 둔다. 벌레가 어느 쪽을 선호하는지 관찰한다.

6단계 : 실험이 끝나면 처음 채집한 곳에 벌레를 놓아준다.

실험 속 과학 원리

모든 생물은 자신에게 맞는 서식 환경이 있습니다. 물속에 사는 생물들은 아가미를 가지고 있고, 아주 추운 곳에 사는 생물들은 생존을 위해 핏속에 부동 단백질이 있습니다. 이렇듯 우리는 지구 생태계 안에 우리만의 자리를 갖고 있습니다.

미소(微小) 환경이란 특정한 환경을 작게 만들어 놓은 것입니다. 예를 들어 소나무 숲 바위 아래처럼 서늘하고 축축하며 땅속에 분해될 유기 물질이 풍부한 환경을 만들 수 있습니다.

쥐며느리와 공벌레는 갑각류에 속하는 등각류로 갑옷처럼 딱딱한 등껍데기가 있고, 관절이 있는 다리로 움직입니다. 물속에서 아가미로 숨을 쉬는 랍스터나 가재와 친척이지만 등각류는 평생을 땅 위에서 지냅니다. 이 실험에서는 마른 곳에 있던 쥐며느리와 공벌레가 습한 쪽으로 이동하는 것을 볼 수 있습니다.

도전 과제

다른 서식 환경을 만들어 관찰해 봅시다. 어떤 먹이를 선호하나요?

절지동물 채집

재 료

→ 채집망 또는 직접 만들려면 : 펜치, 철제 옷걸이 2개, 가위, 밝은색 베 갯잇, 박스 테이프, 긴 나무 막대

→ 낡은 침대보처럼 크고 하얀 천

→ 병 여러 개

→ 곤충 도감(선택 사항)

직접 만든 망으로 절지동물을 채집해서 무엇을 잡았는지 알아봅시다.

사진 3. 망으로 풀을 쓸어 가면서 벌레를 채집한다.

안전 유의 사항

– 곤충이 물거나 쏠 수도 있기 때문에 맨손으로 곤충을 만지지 마세요.

– 진드기는 기다란 풀을 좋아합니다. 채집하는 곳에 진드기가 있을 수 있 으니 조심하고 채집이 끝난 다음에는 진드기를 가려 내세요.

실험 순서

1단계 : 채집망이 없다면 펜치로 철제 옷걸이 두 개를 곧게 편 다음 이 둘을 꼬아서 튼튼하게 만든다. 양 쪽 끝을 8cm 정도 남기고 원형으로 구부린다. 베갯잇 입구를 3분의 1가량 튼 다음 8cm 손잡이를 제외 한 원형 틀에 씌운다. 테이프로는 베갯잇을 틀에 고정한다. 준비한 막대를 8cm 손잡이에 대고 테이프 로 고정한다. (사진 1)

2단계 : 풀이 길게 자란 들판으로 간다. 채집망 입구가 위로 오도록 들고 마루를 닦는 것처럼 앞뒤로 움 직이면서 곤충을 채집한다. (사진 2, 3)

3단계 : 막대기를 180도 돌려 채집망의 입구를 막은 다음, 준비한 천으로 가져간다.

4단계 : 하얀 천 위에 채집한 곤충을 조심스레 쏟아 놓는다. 곤충을 자세히 관찰하고 싶다면 나뭇잎이나 막대기로 집어서 투명한 병 안에 넣고 뚜껑을 느슨하게 닫는다. (사진 4)

사진 1. 베갯잇과 철제 옷걸이로 채집망을 만든다.

사진 2. 쓸어 담을 준비를 한다.

사진 4. 잡은 곤충을 병에 넣고 자세히 관찰한다.

사진 5. 곤충의 이름을 알아본다.

5단계 : 다리와 몸의 마디가 몇 개인지 더듬이나 날개가 있는지 어떤 색깔인지 관찰한 다음 과학 일지에 적는다.

6단계 : 도감에서 찾아보거나 검색을 해서 이름을 알아본다. (사진 5)

7단계 : 곤충과 거미를 몇 시에 어디서 잡았는지 일지에 기록한다.

도전 과제

1. 같은 장소를 다른 시각(새벽, 한낮, 해질 무렵, 밤)에 가서 잡히는 개체 수를 비교해 보세요.

2. 초원과 습지처럼 다른 서식지에서 어떤 벌레가 잡히는지 비교해 보세요.

실험 속 과학 원리

절지동물은 등뼈가 없는 무척추동물로 딱딱한 **외골격**에 싸여 있으며, 몸과 다리는 마디로 이루어져 있습니다.

채집망에 잡히는 대부분은 곤충인데 6개의 다리와 날개가 있고 알에서 태어나 번데기를 거쳐 성충이 됩니다. 예를 들어 나비는 번데기를 거치면서 모양이 완전히 변하는데, 머리에 달린 더듬이는 감각기관의 역할을 합니다.

벌, 나비, 잠자리, 메뚜기, 딱정벌레 등이 비슷한 특징을 지닙니다.

물론 다리가 8개인 거미류를 발견할 수두 있습니다. 거미, 진드기, 전갈 등이 여기에 속합니다. 몸은 두 부분으로 나누어져 있고 더듬이나 날개가 없습니다. 제일 앞쪽의 두 다리로 먹이를 먹거나 자기 방어를 합니다.

편형동물 낚시

재 료

→ 고기용 칼

→ 생고기나 간

→ 끈이나 낚싯줄, 낚싯바늘

→ 금속 추 또는 돌

→ 투명한 병

→ 돋보기

→ 현미경과 배양 접시 또는 슬라이드
  (선택 사항)

안전 유의 사항

– 보호자 없이 어린이를 물가에 두지
  마세요.

– 생고기를 만진 다음에는 반드시 손을
  씻도록 합니다.

– 편형동물이 안 잡힌다면 맑고 잔잔한
  물속의 평평하고 널찍한 바위 아래
  를 찾아보세요. 페인트 붓으로 쓸어
  준비한 병에 담습니다.

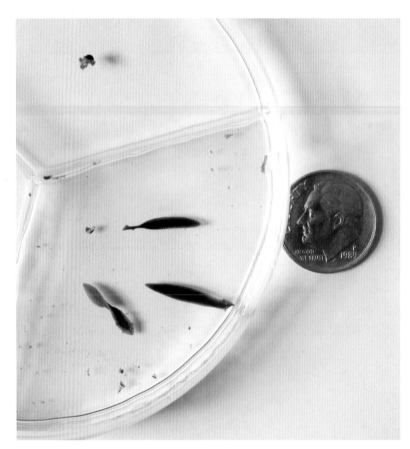

자유 생활*을 하
는 플라나리아를
잡아 관찰해 봅
시다.

_____

* 어떤 생물과도 공생 관
  계나 기생 관계를 이루
  지 않고 생활하는 것을
  말한다.

사진 4. 잡은 플라나
리아를 관찰한다.

실험 순서

1단계 : 편형동물 **플라나리아**를 잡기 위해 연못이나 호수, 작은 개울로 간다. 편형동물은 그늘지고 잔잔
하면서 깨끗한 물을 좋아한다. 부둣가 근처나 수련 잎, 넓고 평평한 돌이나 퇴적물에 많이 서식하고 밤
에 주로 활동한다.

사진 1. 추와 함께 고기를 매단다.

2단계 : 생고기를 동전 크기로 잘라 끈으로 묶거나 낚싯바늘에 끼워 미끼를 만든다. 고기 가까이에 금속 추를 걸거나 돌을 매단다. (사진 1)

3단계 : 미끼를 물에 넣고 5~10분간 기다린다. 그동안 미끼를 여러 개 준비해 다른 장소에 설치한다. 미끼를 넣는 물의 깊이도 다르게 해 본다.

4단계 : 미끼를 담갔던 근처의 물을 병에 담는다.

5단계 : 시간이 되면 물에서 미끼를 천천히 꺼내 준비한 병에 넣는다. (사진 2)

6단계 : 돋보기로 편형동물을 찾아본다. 플라나리아는 몸은 부드럽고 마디가 없이 평평한데 머리는 화살 모양을 하고 있다. 편형동물을 못 찾았다면 물에 3~4시간 정도 담갔다가 다시 관찰한다. (사진 3)

7단계 : 잡은 플라나리아를 돋보기나 현미경으로 관찰한다. 생김새나 행동 습성을 과학 일지에 기록한다. (사진 4)

사진 2. 물에서 미끼를 꺼내 병에 넣는다.

사진 3. 돋보기로 편형동물을 관찰한다.

도전 과제

1. 플라나리아가 불빛에 어떤 반응을 보이는지 관찰해 봅시다.

2. 먹이로 물고기 사료를 주고 가끔씩 물을 갈아 주면서 플라나리아를 키워 봅시다. 플라나리아는 차가운 물을 선호하고, 염소 성분이 있으면 죽기 때문에 생수를 사용해야 합니다.

실험 속 과학 원리

플라나리아는 재생 능력이 있고 자유 생활을 하는 편형동물입니다. 예를 들어 플라나리아를 반으로 자르면 머리 쪽은 꼬리가 자라고 꼬리 쪽은 머리가 자라서 두 마리의 플라나리아가 됩니다. 어떤 방향으로 잘라도 새로운 몸이 자라납니다.

편형동물은 아주 단순한 신경 구조를 가지고 있고 머리에 대부분의 감각 기관이 존재합니다. 플라나리아를 돋보기로 관찰하면 눈을 볼 수 있는데, 진짜 눈은 아니지만 광수용기라는 세포로 실제로 빛을 감지하는 역할을 합니다.

내부 장기를 담을 체강(體腔)*이 없어, 배 쪽에 있는 **인두**라는 곳을 통해 먹이를 먹고 **불꽃세포**라는 특수 기관으로 노폐물을 내보냅니다. 플라나리아는 사체나 작은 무척추동물을 먹어 치우는 청소부이기 때문에 잡을 때 미끼로 고기를 사용하는 것입니다.

---

* 동물의 체벽과 내장 사이에 있는 빈 곳.

지렁이가 우글우글

재 료

→ 겨잣가루 1/3컵(48g)

→ 물 4L

→ 양동이

→ 나무 막대 여러 개

→ 지렁이를 담을 용기

안전 유의 사항

- 겨잣물이 눈에 튀지 않도록 조심하세요. 따가워요!
- 풀이 많은 마당에 지렁이가 많아요.

겨잣물로 지렁이를 우글우글 기어 나오게 해 봅시다.

사진 4. 지렁이를 관찰한다.

실험 순서

1단계 : 양동이에 담긴 물에 겨잣가루를 넣는다. 잘 섞일 때까지 막대기로 젓는다. (사진 1)

2단계 : 막대를 놓아 가로 세로 30cm 크기의 채집 영역을 만든다.

3단계 : 채집 영역 안에 겨잣물 반을 붓는다. (사진 2)

사진 1. 겨잣가루가 잘 풀어지게 젓는다.

사진 2. 땅에 겨잣물을 붓는다.

사진 3. 지렁이를 잡는다!

4단계 : 지렁이가 기어 나오기를 기다린다. 지렁이가 기어 나오면 잡아서 준비한 용기에 넣는다. (사진 3)

5단계 : 나오는 지렁이가 없으면 나머지 겨잣물을 붓는다. 더 깊은 곳에서 지렁이가 나올 때까지 기다린다.

6단계 : 지렁이를 관찰한다. (사진 4)

도전 과제

1. 채집 영역을 여러 곳에 만들어 나오는 지렁이의 수를 비교해 보세요.

2. 지렁이의 종류를 알아보고, 알아낸 사실을 과학 일지에 기록하세요.

실험 속 과학 원리

오래전 빙하기에 북미의 토박이 지렁이들이 모두 전멸했습니다. 현재 북미에서 발견되는 지렁이는 **이슬지렁이**(Lumbricus terrestris)라는 외래종으로 몇 세기를 거쳐 유럽에서 오는 뱃짐이나 식물에 붙어서 들어왔습니다. 지렁이는 땅속에 공기가 통하도록 해서 식물의 성장에 도움을 주기도 하지만, 숲의 바닥에 있는 낙엽층을 모두 먹어 치워 작은 식물들이 뿌리내리고 자라는 것을 방해하기도 합니다.

최근에는 번식 능력이 좋고 한곳에서 무리 생활을 하는 점핑지렁이라고 불리는 외래종이 들어와서 숲에 많은 해를 끼치고 있습니다.

지렁이가 급속도로 퍼지는 것을 막기 위해 사용하고 남은 낚시 미끼나 음식물 쓰레기, 심지어 물조차도 함부로 버리면 안 됩니다. 반드시 쓰레기통에 버리도록 합시다.

단원 04
피크닉 테이블 화학

화학 실험은 실내에서 하는 걸로 생각하겠지만, 사실 어디에서나 할 수 있습니다. 부엌 실험을 밖으로 가지고 나가면 어지럽힐 염려가 없습니다. 테이블을 하나 차려 놓고 이웃집 친구들을 불러 대형 비눗방울이나 마술 구슬을 만들고 레모네이드를 마시면서 립밤도 만들 수 있습니다. 동네에서 소문난 집이 되는 건 시간 문제랍니다.

피크닉 테이블을 기름 구슬을 만드는 실험대로 바꿀 수 있습니다. 기름 구슬을 만든 다음 코코넛 오일, 밀납, 주스용 분말로 립밤을 만들어 보세요. 대형 비눗방울을 만들면서 표면 장력도 배울 수 있습니다. 베이킹소다와 식초를 가지고 거품 액체괴물을 만들 수도 있습니다.

이 단원에서는 녹말가루, 물, 식용 색소로 프레스코 흉내도 냅니다. 프레스코 기법은 원래 덜 마른 회반죽 위에 안료로 그림을 그리는 것인데, 마르면서 일어나는 화학 작용의 결과로 수천 년 동안 퇴색되지 않고 남아 있습니다. 하지만 실험에서 만드는 프레스코 그림은 물청소 한 번이면 깨끗이 지워집니다.

거품 액체괴물

재 료

→ 따지 않은 300ml 생수병

→ 깔때기 만들 종이 한 장

→ 붕사*

→ 베이킹소다

→ 종이컵

→ 목공풀

→ 식초

→ 식용 색소

→ 마커

---

* 붕소 화합물. 고체 붕사는 하얀색 가루로 물에 잘
녹는다. 세제나 화장품, 항균제 등에 쓰인다.

안전 유의 사항

– 어린아이가 입에 세제를 넣지 않도
록 지켜보세요.

– 붕사가 들은 병에 '붕사'라고 써 주
세요.

전통적인 두 실
험을 섞어 알록
달록 거품이 나
는 액체괴물을
만들어 봅시다.

사진 3. 거품 액체괴
물을 지켜본다.

실험 순서

1단계 : 생수병의 라벨을 떼 낸다. 뚜껑을 따고 물 120ml를 따라 낸다.

사진 1. 붕사와 베이킹소다를 물에 넣는다.

사진 2. 목공풀-식초 용액을 붕사-베이킹소다 용액에 붓는다.

2단계 : 종이로 깔때기를 만들어 생수병에 붕사 1작은술(5ml)과 베이킹소다 5작은술(23g)을 넣는다. 뚜껑을 닫고 잘 흔든다. 병에 '붕사-베이킹소다'라고 쓴다. (사진 1)

3단계 : 종이컵에 식초 2큰술(30ml)과 목공풀 2큰술(30ml)을 넣고 식용 색소를 몇 방울 떨어뜨린다. 막대기나 숟가락으로 잘 섞는다. 종이컵 한쪽을 접어 주둥이를 만든다.

4단계 : 붕사-베이킹소다 용액을 흔든 다음 쟁반 위에 놓는다. 병뚜껑을 제거한다.

5단계 : 식초-목공풀 용액을 재빨리 생수병에 붓는다. (사진 2)

6단계 : 부글부글 액체괴물이 분출하는 화학 반응을 지켜본다. 분출이 멎으면 솟아오른 거품을 꼭 짠다. (사진 3, 4)

사진 4. 병에서 나온 거품을 짠다.

도전 과제

1. 물의 양을 적게 또는 많게 해서 결과를 비교해 봅시다.

2. 베이킹소다와 식초의 양을 달리해서 실험해 봅시다.

실험 속 과학 원리

중합체는 구슬 목걸이처럼 긴 사슬 모양의 분자 구조입니다. 사실 중합체(polymer)의 어원은 '많은 조각들'이라는 그리스어에서 유래합니다. 목공풀의 주성분은 **초산비닐수지**인데, 물이나 식초에 잘 섞입니다. 하지만 목공풀에 **가교제** 역할을 하는 붕사를 섞으면 목공풀의 분자들이 서로 엉겨 붙으면서 커다란 덩어리가 됩니다.

베이킹소다(중탄산나트륨)와 식초(아세트산)를 섞으면 화학 반응이 일어나면서 이산화탄소가 생깁니다.

목공풀-식초 용액을 베이킹소다-붕사 용액에 부으면 베이킹소다와 식초가 만나 화학 반응을 일으키면서 이산화탄소가 생성되고 서로 엉겨 붙으려는 목공풀 분자들이 이산화탄소를 잡아 끈적한 중합체 액체괴물 속에 가두게 됩니다. 거품으로 생수병 안의 압력은 계속 증가하고 결국엔 생수병 밖으로 솟구치게 됩니다.

대형 비눗방울

표면 장력을 약하게 만들고 물의 증발을 막아서 대형 비눗방울을 만들어 보세요.

재 료

→ 요리용 면실 약 140cm

→ 30~90cm 정도의 막대기 2개

→ 와셔* 여러 개

→ 증류수 6컵(1.4L)

→ 녹말가루 1/2컵(64g)

→ 베이킹파우더 1큰술(14g)

→ 글리세린 1큰술(20g)(옥수수 시럽, 물엿으로 대체 가능)

→ 액체 주방 세제 1/2컵(120ml)

→ 쟁반

---
* 볼트를 단단히 고정하려고 너트 위에 끼우는 둥글고 얇은 쇠붙이.

안전 유의 사항

- 세제 중에서 트리오가 큰 비눗방울을 만드는 데 좋다는 연구가 있어요.**

- 바람이 많이 불지 않고 습도가 높은 날에 실험하면 좋아요.

** "비눗방울은 어떤 조건에서 크게 만들어질까?", 이영호, 이주황, 제46회 전국 과학 전람회.

실험 순서

1단계 : 면실을 막대기 한쪽 끝에 묶는다. 실에 와셔를 끼운 다음, 실의 90cm 지점을 다른 막대기 끝부분에 묶는다. 남은 실 50cm의 끝을 잡고 처음 묶었던 막대기에 다시 묶어 삼각형을 만든다. (사진 1)

2단계 : 물과 녹말가루를 섞은 다음 나머지 재료를 넣고 거품이 나지 않도록 잘 섞는다. (사진 2) (선택 사항 : 용액을 한 시간 전에 미리 준비해 두었다가 사용하기 전에 다시 살살 젓는다.)

3단계 : 두 막대기를 평행하게 들어 와셔가 가운데에 오도록 한 다음, 비누 용액에 실을 완전히 담근다. 쨘! 마술 지팡이 완성! (사진 3)

4단계 : 비누 용액에서 실을 조심스럽게 들어 올리면서 삼각형 실 가운데에 얇은 비누막이 생기도록 막대기를 천천히 벌린다.

5단계 : 뒤로 걸어가거나 입으로 불어서 대형 비눗방울을 만든다. 막대기를 접어서 합치면 비눗방울이 날아간다. (사진 4)

사진 1. 막대기, 실, 와셔로 비눗방울 마술 지팡이를 만든다.

사진 2. 비누 용액을 잘 섞는다.

사진 3. 비누 용액에 비눗방울 마술 지팡이를 담근다.

사진 4. 거대 비눗방울을 만든다!

도전 과제

1. 비누 용액의 증발을 막기 위해 어떤 재료를 첨가하면 좋을까요?

2. 마법 지팡이를 좀 더 짧게 또는 좀 더 길게 만들어 봅시다. 비눗방울에 어떤 영향을 미치나요?

3. 비누 용액을 만드는 다른 방법이 있는지 찾아보세요. 다른 주방 세제를 사용해도 실험이 잘 되나요?

4. 바닐라 오일이나 페퍼민트 오일을 첨가해서 향이 나는 비눗방울을 만들어 보세요. 첨가한 오일이 비누 막에 어떤 영향을 미치나요?

5. 비눗방울 안에 다른 비눗방울을 만들어 보세요.

6. 겨울에 실험해 보세요. 비눗방울이 오래가나요? 더운 날씨에 한 것보다 비눗방울이 더 잘 생기나요? 아니면 안 생기나요? 이유는 뭘까요?

실험 속 과학 원리

물 분자는 서로 달라붙으려는 성질이 있습니다. 과학자들은 이것을 **표면 장력**이라고 부릅니다. 세제에 포함된 계면활성제는 친수성(親水性) 부분과 소수성(疏水性) 부분을 모두 가집니다. 이런 성질 때문에 계면활성제는 물의 표면 장력을 약하게 만들 수 있습니다.

물에 세제를 더하면 표면 장력이 느슨해지면서 샌드위치처럼 물 분자의 얇은 막을 세제 분자들이 둘러싸게 되어 커다란 공기주머니를 만들 수 있습니다.

비눗방울 안의 공기압은 바깥보다 약간 높아서 팽창하려 하고, 표면 장력은 비눗방울의 표면적이 최대한 작아지도록 작용합니다. 3차원 도형 중에서는 구의 표면적이 가장 작기 때문에 비눗방울이 동그란 모양이 됩니다. 하지만 바람 같은 외부의 힘으로 일시적으로 모양이 바뀔 수도 있습니다.

물/비누 분자의 두께는 물이 조금씩 증발함에 따라 계속 약간씩 변합니다. 빛의 파동이 여러 각도에서 비누의 막에 부딪히면 이리저리 움직이고 간섭하면서 다양한 색을 보여 줍니다. 글리세린이나 옥수수 시럽을 첨가하면 물의 증발 속도가 느려져 비눗방울이 더 오래 유지됩니다.

주차장 프레스코*

재 료

→ 녹말가루 450g

→ 프레스코용 물 1 1/2컵(355ml) 또는 산-염기 프레스코용 적양배추 즙 1 1/2컵(355ml)

→ 쟁반 또는 파이 팬(선택 사항)

→ 산-염기 프레스코용 베이킹소다와 식초

→ 식용 색소

→ 이쑤시개나 가는 붓

→ 컵 여러 개

→ 접시

노트 : 적양배추 반 통을 잘게 잘라 냄비에 넣고, 양배추가 잠길 만큼 물을 부은 다음, 5분간 끓인 후 체에 거르면 양배추 즙 완성.

안전 유의 사항

– 적양배추를 다지고 끓일 때는 어른이 지켜봐 주세요.

– 콘크리트에 식용 색소가 물들 수 있어요.

녹말가루와 물로 작품을 만들어 내 안의 미켈란젤로를 깨워 봅시다.

사진 4. 식용 색소로 프레스코를 그린다.

실험 순서

1단계 : 녹말가루와 물 또는 적양배추 즙을 섞는다. 손으로 섞어도 된다. 풀같이 끈적한 느낌인데 가지고 놀면 재미있다. (사진 1, 2)

2단계 : 주차장 진입로나 인도의 깨끗하고 평평한 곳을 찾아 반죽을 붓는다. 쟁반이나 파이 팬에 부어도 된다.

3단계 : 반죽이 다 퍼지면 그림을 그리기 전에 5~10분간 그대로 둔다.

---

* 벽화를 그릴 때 쓰는 화법. 이탈리아어로 '신선하다'라는 뜻. 덜 마른 회반죽 바탕에 물에 갠 안료로 채색한 벽화.

사진 1. 녹말가루와 물을 섞는다.

사진 2. 반죽이 풀같이 끈적거려 가지고 놀면 재미있다.

4단계 : 적양배추 즙으로 산-염기 프레스코를 그리려면 한 컵에는 식초를 다른 컵에는 물 60ml에 베이킹소다 40~55g을 타서 준비한다. 이쑤시개나 붓으로 베이킹소다 용액과 식초를 찍어 녹말 반죽 위에 그림을 그린다. 일반 프레스코는 식용 색소를 그릇에 나누어 담아 준비한 다음 이쑤시개나 붓으로 찍어 그림을 그린다. (사진 3, 4)

5단계 : 프레스코를 마르게 둔다. 마르면서 어떻게 변하는지 관찰한다.

6단계 : 물로 프레스코를 씻어 낸다.

사진 3. 식초와 베이킹소다로 적양배추 즙 프레스코를 그린다.

도전 과제

1. 집에 있는 재료 중 식초와 베이킹소다 말고 산-염기 프레스코에 사용할 수 있는 재료가 무엇이 있을까요?

2. 그림을 그리기 전에 녹말 반죽이 굳으면 어떻게 될까요?

실험 속 과학 원리

녹말가루에 물을 섞어 만든 석고 같은 비뉴턴 유체 위에 그림을 그려 보았습니다. 이 재료를 비뉴턴이라 말하는 이유는 빠르게 휘젓거나 움직이면 이상하게도 더 단단해지는 성질을 띠기 때문입니다.

식용 색소로 그림을 그리면 진짜 프레스코처럼 수용성 안료(색깔 분자)가 녹말 반죽에 흡수되지만 녹말 반죽의 점성 때문에 멀리 퍼지지는 않습니다.

산-염기 프레스코에 산성인 식초는 분홍색으로 염기성인 베이킹소다 용액은 파란색이나 녹색으로 나타납니다. 적양배추 즙에서 나온 색소 분자는 pH에 따라 분자 구조가 바뀌고 흡수하는 빛의 파장이 달라져서 색이 변합니다. 그래서 산-염기 지시약이라고 합니다.

레모네이드 가판대 립밤

재 료

→ 전자레인지용 그릇

→ 코코넛 오일

→ 밀랍 구슬 또는 갈은 밀랍

→ 색깔 있는 과일 농축액

→ 립밤을 넣을 수 있는 뚜껑 있는 작은 용기, 예를 들어 콘택트 렌즈 보관함

→ 이쑤시개 또는 나무 막대기

안전 유의 사항

– 불을 사용할 때나 액체를 부을 때는 어른이 해 주세요. 아이가 한다면 데지 않도록 옆에서 지켜봐 주세요.

– 용기에 붓기 전에 밀랍 코코넛 오일 용액이 굳어 버리면 다시 데우면 됩니다.

인도 위에 화학 실험실을 차려 놓고 립밤을 만들어 봅시다.

사진 4. 립밤을 만들어 친구들에게 나누어 주자.

실험 순서

1단계 : 전자레인지용 그릇에 코코넛 오일과 밀랍을 넣는다(코코넛 오일 8큰술[112g], 밀랍 4큰술[55g]).

2단계 : 전자레인지에 넣고 30초씩 돌리면서 중간 중간 젓는다. 밀랍이 완전히 녹아 맑아질 때까지 반복한다.(사진 1)

3단계 : 아주 살짝 식힌다. 용액이 뿌옇게 되거나 흰색으로 변하면 다시 가열해야 한다.

사진 1. 코코넛 오일과 밀랍을 녹인다.

사진 2. 농축액을 몇 방울 떨어뜨린다.

4단계 : 용액을 식히는 동안 립밤 용기에 농축액을 한두 방울씩 떨어뜨린다.

5단계 : 그 위에 코코넛 오일-밀랍 용액을 붓고 이쑤시개로 젓는다. 색깔이 나면서 부드러운 반죽이 될 때까지 반복한다. 나머지 용기도 같은 방법으로 채운다. (사진 2)

6단계 : 립밤이 완전히 식으면 평평한 막대기나 뜨거운 물에 담근 스테인리스 숟가락의 물기를 닦아 뒷부분으로 립밤 위를 매끈하게 다듬는다.

7단계 : 립밤을 발라 본다. 몇 개는 챙기고 몇 개는 친구들에게 나누어 준다. 아니면 레모네이드를 팔면서 같이 팔아 보자! (사진 3, 4)

사진 3. 여름에 레모네이드를 팔면서 같이 팔아 보자.

실험 속 과학 원리

화장품 회사에 근무하는 과학자들은 부드럽고 촉촉한 립밤과 보기에 좋으면서 피부에도 좋은 화장품을 개발하기 위해 노력합니다. 알맞은 배합을 알아내는 것은 매우 어려운 일이고, 원가와 유통기한 등 신경 쓸 일이 한두 가지가 아닙니다.

코코넛 오일은 포화 지방산이 대부분이어서 실온에서는 고체이다가 따뜻해지면 쉽게 녹습니다. 코코넛 오일은 피부 진정 효과가 있는 보습제로 입술에 있는 자연 수분을 지켜주는 장벽 역할을 합니다.

밀랍은 높은 온도에서는 녹지만 실온에서 굳기 때문에 립밤이 단단해지는 것입니다. 기름과 물은 잘 섞이지 않는데, 농축액은 대부분 물로 이루어져 있어 식어 가는 밀랍과 오일을 계속 저어서 작은 방울로 된 현탁액, 즉 **에멀션**이 되도록 만들어야 합니다. 립밤이 식으면 밀랍이 전체 용액을 잡아 주어 기름이 분리되지 않습니다.

도전 과제

나만의 방법으로 립밤을 만들어 봅시다. 재료를 조사해서 알레르기 유발 물질이 있는지 확인하고 라벨을 붙여 두세요.

슈퍼 구슬

재 료

→ 식용유 2컵(475ml)을 병이나 컵같이 길쭉한 용기에 담은 것

→ 물 1컵(235ml)

→ 향 없는 젤라틴 가루 7g 또는 한천 가루 24g

→ 편수 냄비 또는 전자레인지용 그릇

→ 식용 색소

→ 플라스틱 물약 병이나 다 쓴 물풀 병

안전 유의 사항

– 전자레인지를 사용할 때나 뜨거운 액체를 부을 때는 어른이 지켜봐 주세요.

– 구슬 때문에 기도가 막히지 않도록 조심하세요.

– 여럿이 같이 실험을 할 때는 기름이 따뜻해지면 바로 바꿔서 할 수 있도록 차가운 기름을 여러 개 준비합니다.

마르면 쪼그라드는 알록달록 젤라틴 구슬을 만들어 봅시다.

사진 5. 접시에 올려놓고 구슬을 말린다.

실험 순서

1단계 : 식용유를 병에 담아 얼음에 넣어 두거나 냉장고에 넣어서 차갑게 식힌다. 얼리면 안 된다. (사진 1)

2단계 : 전자레인지용 그릇이나 편수 냄비에 물을 붓고 데운다. 젤라틴이나 한천 가루를 넣고 완전히 녹을 때까지 전자레인지에 돌리거나 끓이면서 저어 준다. (사진 2)

3단계 : 준비한 플라스틱 용기에 식용 색소를 몇 방울씩 넣는다.

4단계 : 젤라틴이나 한천 용액을 잠깐 식힌다. 굳으면 안 된다. 식힌 용액을 플라스틱 용기에 넣고 흔들면서 식용 색소와 섞는다.

5단계 : 얼음이나 냉장고에 넣어 두었던 식용유 그릇을 꺼낸다.

6단계 : 젤라틴 용액을 한 번에 한두 방울씩 기름에 떨어뜨린다. 구슬 모양으로 뭉치면서 아래로 가라앉을 것이다. 구슬을 10개 정도 만들면 30초가량 두었다가 구멍 뚫린 숟가락으로 건지거나 체로 건져 낸다. (사진 3)

사진 1. 식용유를 얼음으로 차게 식힌다.

사진 2. 물에 젤라틴이나 한천을 넣는다.

어떤 요리사들은 젤라틴이나 한천 가루를 발사믹 식초나 과일 주스 같은 다양한 재료와 섞어서 작은 먹을거리를 만듭니다. 이것을 **기름 구슬 만들기**라고 하는데, 물과 기름이 섞이지 않는 성질을 이용한 일종의 **분자 요리**입니다. 젤라틴과 한천 가루는 콜로이드로 온도가 내려가면 굳는 성질이 있습니다. 수용성인 젤라틴 용액이 차가운 기름에 떨어지면 표면 장력 때문에 구 모양으로 굳습니다.

사진 3. 젤라틴 용액을 차가운 기름에 떨어뜨린다.

사진 4. 구슬을 많이 만든다.

도전 과제

1. 화이트 식초 1컵(235ml)과 한천 가루 3큰술(24g)을 섞어 동동 뜨는 구슬을 만들어 봅시다. 구슬을 베이킹소다를 약간(14~18g) 넣은 물에 담가 봅시다.

2. 적양배추 즙 1컵(235ml)에 한천 가루 3큰술(24g)을 녹여 만든 용액으로 색이 변하는 구슬을 만들어 봅시다. 만든 구슬을 식초(산성)나 베이킹소다(염기성)를 탄 물에 넣어 봅시다.

7단계 : 건져 낸 구슬을 물로 헹군다. 원하는 만큼 구슬을 만들면서 기름 온도가 올라가면 다시 차갑게 만들어서 사용한다. (사진 4)

8단계 : 구슬 몇 개를 덜어 접시에 놓고 밤새 말려서 쪼그라든 모습을 관찰한다. 쪼그라든 구슬에 물을 부으면 어떻게 변할까? 남은 구슬은 지퍼백에 넣어 냉장 보관한다. (사진 5)

단원 05
싱그러운 식물학

이끼는 아주 오래전부터 주변 생물의 도움을 받으며 살아 왔습니다. 이끼는 물을 운반하는 세포 조직과 구조가 없어서 위로 자라기 힘듭니다. 그래서 무리를 이뤄 서로 의지하면서 벨벳 카펫처럼 넓게 퍼져 있습니다. 무리를 이루고 있어야 안전하고 외부의 혹독한 환경에 직접 노출되어도 살아남을 수 있습니다. 이끼는 아주 적은 빛만으로도 살 수 있고, 혹독한 환경에서는 동면에 들어갈 수 있기 때문에 극지방처럼 아주 추운 환경에서도 살 수 있는 몇 안 되는 식물입니다. 심지어 빙하 아래에서 살고 있는 이끼를 발견한 적도 있습니다.

일반적으로는 이끼는 수분과 양분을 얻고 번식을 하기 위해 비, 안개, 이슬 같은 물의 도움이 필요하지만, 지금까지 나름대로 잘 살아 왔습니다. 이끼는 바람에 포자를 날려 새로운 땅을 찾기 때문에 멀리까지 잘 퍼져 나갑니다.

좀 더 고등한 식물로 실험을 해도 재미있습니다. 이 단원에는 이끼 외에도 다른 식물이 어떻게 자라고, 꽃을 피우고, 빛을 찾고 산소를 만드는지 탐구하는 여정을 담았습니다.

굴광성 미로 상자

재 료

→ 콩이나 해바라기 씨

→ 작은 컵 여러 개

→ 신발 상자 2개

→ 골판지

→ 가위 또는 커터칼

→ 박스 테이프

→ 흙 또는 화분용 영양토

식물이 미로 상자 속에서 빛을 찾아내는 놀라운 능력을 지켜보세요.

사진 4. 식물이 자라는 모습을 관찰한다.

안전 유의 사항

– 어린아이가 박스를 자를 때는 도와주세요.

– 어린아이가 콩이나 씨앗을 삼키지 않도록 조심하세요.

실험 순서

1단계 : 콩이나 씨앗 한두 개를 흙이 담긴 작은 컵에 심어 2~3개 준비한다. 물을 준 다음 싹이 날 때까지 며칠 기다린다. 미로 상자에 식물을 넣기 전에 다시 물을 준다. (사진 1, 2)

2단계 : 첫 번째 신발 상자에 A라고 쓴 다음, 상자를 가로로 놓고 윗면의 구석에 작은 구멍을 뚫는다.

3단계 : 두 번째 신발 상자에 B라고 쓰고, 세로로 세운 다음 윗면의 구석에 작은 구멍을 뚫는다.

4단계 : 골판지를 B 상자의 너비보다 작게 자른다. 박스 아랫면에서 18cm 위쪽에 구멍을 뚫은 쪽으로 골판지를 놓고 박스 테이프로 고정한다. 골판지는 씨앗을 심은 컵을 구멍 아래에 놓았을 때 빛을 차단해 주는 역할을 하는 것으로 골판지 옆으로 식물이 자랄 공간을 남겨 놓아야 한다. (사진 3)

사진 1. 컵에 흙을 채운다.

사진 2. 콩이나 해바라기 씨를 심는다.

사진 3. 햇빛 미로를 만든다.

5단계 : 준비한 컵 중의 하나를 A 상자의 구멍이 뚫린 반대편에 놓고 테이프로 고정한다. 빛이 새어 들어가지 않도록 상자를 꼼꼼하게 닫는다.

6단계 : 골판지 옆 공간을 통해 빛을 찾아 나갈 수 있게 나머지 컵을 B 상자의 골판지 아래에 놓고 테이프로 고정한다. 상자를 꼼꼼하게 닫는다.

7단계 : 며칠간 양지 바른 곳에 상자를 두고 2~3일에 한 번씩 물을 준다. (사진 4)

실험 속 과학 원리

그리스어에서 유래한 **굴성(tropos)**은 변화, 반응, 응답이라는 뜻입니다. 식물의 성장과 생존을 위해서는 다양한 자극에 반응해야 합니다. 예를 들어 식물은 중력에 순응해 땅에 뿌리를 내리고 물이 있는 곳을 찾아갑니다.

식물은 빛과 이산화탄소로 에너지를 만들기 때문에, 식물에게 빛을 찾는 능력도 아주 중요합니다. **광(photo)**은 빛을 의미합니다. 과학자들은 이렇게 식물이 빛을 향해 구부러져 자라는 성질을 굴광성(屈光性, phototropism)이라고 표현합니다.

실험에서 빛이 들어가는 구멍을 하나만 뚫고 장애물을 만들이 상자 안에 식물을 넣었습니다. 씨앗은 싹을 틔우기에 충분한 에너지를 가지고 있지만, 더 성장하려면 빛이 필요하기 때문에 장애물을 피해 빛을 찾아 나갑니다.

도전 과제

1. 식물의 굴광성을 관찰할 수 있는 다른 실험은 뭐가 있을까요? 뿌리가 중력의 방향에 따라 자라는 건 어떻게 실험할 수 있을까요?

2. 식물이 얼마나 멀리 빛을 찾아갈 수 있는지 알아보기 위해 좀 더 복잡한 미로를 만들어 보세요. 실험 결과가 가장 좋은 것은 어떤 식물인가요?

끼리끼리 이끼끼리

재 료

→ 땅, 나무, 바위에서 조심스레 긁어 모은 이끼 덩어리

→ 돋보기

→ 이끼를 키울 용기 2~3개

→ 작은 돌멩이나 조약돌

→ 분무기

→ 화분용 영양토

→ 블렌더, 버터밀크*와 이끼 페인트 용 붓(선택 사항)

---

* 버터밀크가 없으면 우유 한 컵에 레몬 즙이나 식 초 1큰술을 넣고 5분 정도 두었다가 섞어서 사용 하면 된다.

안전 유의 사항

- 이끼 페인트를 블렌더에 갈 때는 어 른이 지켜봐 주세요.

- 이끼 페인트를 키우는 일은 쉽지 않 습니다. 자주 물을 주고 한 달 이상 기다려야 할 수도 있습니다. 인내심 을 가지세요.

- 이끼 페인트는 이끼가 원래 자랐던 환경과 비슷한 곳에서 잘 자랍니다.

식물 세계의 살아 있는 전설, 이끼로 벨벳 정원과 살아 있는 페인트를 만들어 봅시다.

사진 4. 여러 가지 물건 위에 이끼 페인트를 발라 본다.

실험 순서

1단계 : 이끼를 모아 돋보기로 관찰한다. 각각의 생김새와 수집한 곳이 어디인지 기록한다. 이끼를 2~3 덩어리로 나눈다. (사진 1)

2단계 : 첫 번째 용기에 작은 돌을 깔고 이끼 한 덩어리를 놓는다. 물을 부어 이끼의 아랫면을 축축하게 만든다. 이끼가 물에 잠기지 않도록 한다.

3단계 : 두 번째 용기에는 영양토를 깔고 다른 이끼 덩어리를 놓는다. 물을 부어 습기를 준다. 단 이끼가 물에 잠겨서는 안 된다. (사진 2)

사진 1. 돋보기로 이끼를 관찰한다.

사진 2. 이끼를 흙이나 돌에 심는다.

사진 3. 버터밀크와 이끼를 블렌더로 간다.

4단계 : 블렌더에 버터밀크 1/2컵(120ml)과 이끼 한 덩어리를 넣고 갈아 이끼 페인트를 만든다. 이끼 페인트를 여러 가지 물건에 발라 어디서 제일 잘 자라는지 관찰한다. (사진 3, 4)

5단계 : 매일 이끼에 분무기로 물을 뿌려 준다. 이끼가 자라는 흙이나 돌에도 필요할 때마다 물을 준다. 이끼 페인트에는 하루에 한두 번씩 물을 뿌려 준다.

6단계 : 이끼의 건강 상태와 이끼가 선호하는 환경을 과학 일지에 적는다.

실험 속 과학 원리

과학자가 밝혀 낸 이끼 종류만도 만 가지가 넘습니다. 선태식물로 분류되며 종류에 따라 생육환경이 다릅니다. 이끼는 경쟁을 싫어하기 때문에 다른 종류의 식물이 없는 흙이나 바위, 나무에 이끼끼리 뭉쳐서 자랍니다. 어떤 종류는 햇빛을 좋아하지만 어떤 종류는 햇빛을 피해 동굴에서 자랍니다. 꽃이나 진짜 뿌리가 없고 **헛뿌리**라고 불리는 구조가 표면에 달라붙어 자랍니다.

이끼는 물을 실어 나르는 구조가 없어 생존을 위해 물을 직접 흡수해야 합니다. 물을 모으고 흡수하기에 알맞은 모양이고, 무리 지어 있기 때문에 스폰지처럼 수분을 잡고 있을 수 있습니다.

실험에서는 생육 환경을 다르게 만들어서 어떤 환경에서 이끼가 잘 자라고 시드는지 관찰했습니다. 이끼와 끈적한 버터밀크를 섞어 만든 페인트로 세워 놓는 이끼 정원도 만들 수 있습니다.

도전 과제

1. 이끼에서 완보동물을 찾아봅시다.
   (실험 2 참조)

2. 똑같은 환경을 야외에 만들어 실험해 봅시다.

3. 마른 이끼를 현미경에 올리고 물을 한 방울씩 떨어뜨리면서 어떻게 변하는지 관찰해 봅시다.

꽃잎 폭죽

꽃봉오리를 해부해서 분해도를 그려 봅시다.

사진 5. 각자의 분해도를 비교해 본다.

실험 순서

1단계 : 야생화나 정원에서 딴 꽃을 모은다. (사진 1)

2단계 : 꽃봉오리 바깥에 있는 꽃받침과 잎사귀를 먼저 떼어 내고 바깥쪽 꽃잎부터 뜯기 시작한다. 바깥 꽃잎을 준비한 도화지나 폼보드에 큰 원을 그리며 붙인다. (사진 2)

3단계 : 계속해서 꽃잎을 따서 바깥에서 안쪽으로 동심원을 그리면서 붙인다. (사진 3)

사진 1. 꽃을 딴다.

사진 2. 바깥부터 꽃잎을 따서 종이에 붙인다.

사진 3. 꽃잎을 바깥에서 안쪽으로 동심원을 그리면서 붙인다.

사진 4. 꽃의 구조를 알아본다.

4단계 : 꽃의 가운데 부분을 도화지의 가운데에 붙인다. 줄기는 원하는 곳에 붙인다.

5단계 : 인터넷을 검색해서 꽃의 구조를 알아본다. (사진 4)

6단계 : 친구의 작품과 비교해 본다. (사진 5)

실험 속 과학 원리

꽃의 모든 부분은 씨를 만드는 데 중요한 역할을 합니다. 꽃받침은 꽃봉오리를 보호하고, 밝은 색깔의 꽃잎은 꽃가루받이를 하는 곤충, 새, 심지어 박쥐까지 불러 모읍니다.

꽃은 암꽃과 수꽃이 있고 어떤 꽃은 암수 한 꽃인 것도 있습니다. 수꽃은 수술을 잡고 있는 가늘고 긴 수술대가 있습니다. 암꽃에는 난소로 이어지는 관 모양의 암술대 위에 끈적한 암술머리가 있습니다.

수분(受粉)이 시작되면 꽃가루는 끈적한 암술에 묻어 암술대를 타고 내려간 다음, 밑씨에 수정이 됩니다. 밑씨는 나중에 씨앗이 되는 난소의 한 부분입니다.

대부분의 꽃은 꽃가루받이를 하는 곤충이나 새를 끌어모으기 위해 달고 영양이 풍부한 꿀을 만들어 냅니다. 식물의 수분은 인간에게도 아주 중요합니다. 미국 농무부에 따르면 전 세계에서 자라는 농작물의 약 80% 이상이 벌 같은 곤충에 의한 수분이 필요한 작물이라고 합니다.

도전 과제

1. 꽃을 관찰해서 암꽃과 수꽃을 찾아봅시다. (힌트 : 호박꽃)

2. 작은 꽃의 분해도를 유산지 사이에 넣고 책에 끼워 말려 봅시다.

3. 여러 가지 꽃의 비슷한 부분을 모아 독창적인 분해도를 만들어 봅시다.

재 료

→ 연못이나 호수에서 자라는 수중 식물

→ 수중 식물을 담을 용기

→ 플라스틱 통 큰 것

→ 물

→ 유리병이나 시험관 같은 투명한 용기 적어도 2개

안전 유의 사항

– 절대 어린아이를 보호자 없이 물가에 두지 마세요.

– 멸종 위기에 처한 식물은 채취하지 마세요.

– 수중 식물은 실험이 끝나면 음식물 쓰레기에 버려 주세요.

사진 4. 산소 방울이 올라오는 것을 관찰한다.

물속에서 산소를 만드는 수중 식물을 관찰해 봅시다.

실험 순서

1단계 : 수중 식물을 모은다. (사진 1, 2)

2단계 : 큰 통에 수돗물을 채운다. 가능하면 하룻밤 받아 두어 염소를 없앤다. 작고 투명한 용기를 물에 담가 빙그르르 돌리면서 공기를 모두 뺀다.

3단계 : 식물의 가지를 잘라 물이 담긴 플라스틱 통에 넣고 흔들어서 가지에 붙은 공기를 털어 낸다. 가지를 물속에 있는 유리병 아래쪽 입구로 집어넣어 가지가 위로 오도록 한다. 유리병을 거꾸로 세워 공기가 들어가지 못하도록 한다(사진 참조). 만약에 시험관을 사용한다면 물속에 작은 컵이나 비커를 넣고 그 안에 시험관을 세워 넘어지지 않도록 한다. (사진 3)

4단계 : 작고 투명한 유리병을 뒤집어 놓고 식물을 넣지 않고 물만 채운다. 이 유리병은 비교 대상으로 사용한다. 유리병과 식물의 여유분이 있다면 3단계를 반복해서 여러 개 만든다.

5단계 : 준비된 유리병들을 밝은 햇빛이나 강한 전등 아래에 몇 시간 정도 놓아 두고 관찰한다. 식물이 광합성을 해서 산소 방울이 나오는 것을 볼 수 있다. (사진 4)

사진 1. 수중 식물을 모은다.

사진 2. 수집한 식물을 용기에 담아 집으로 가져간다.

사진 3. 물속에서 뒤집은 유리병에 식물을 넣는다.

실험 속 과학 원리

식물은 식량이면서 우리의 친구입니다. 식물이 없으면 인간은 생존할 수 없습니다.

우리 주위에 있는 식물은 화학 물질을 변환하는 데 뛰어납니다. 식물에 있는 녹색 색소인 **엽록소**는 태양빛을 흡수해서 **광합성**을 통해 물과 이산화탄소를 포도당과 산소로 바꿔 줍니다. 포도당은 식물이 성장하고 생존하는데 필요한 에너지를 제공합니다.

빛이나 화학 에너지를 이용해 이산화탄소 같은 무기질에서 스스로 필요한 양분을 얻는 식물과 조류(藻類) 같은 유기체 덕에 지구는 대기 중에 산소를 유지할 수 있고 우리가 살 수 있는 것입니다.

도전 과제

1. 똑같은 실험을 빛이 없는 방에서 하면 어떻게 될까요?

2. 수돗물에는 이산화탄소가 소량 들어 있습니다. 호수나 연못의 물로 실험하면 어떤 결과가 나올까요?

귀요미 나무

재 료

→ 솔방울 또는 나무 씨앗

→ 베이킹 팬

→ 핀셋

→ 물이 담긴 컵이나 작은 용기

→ 투명한 지퍼백 2개

→ 모래 또는 이탄*

→ 키친타월

→ 작은 돌 여러 개

→ 화분용 영양토

→ 작은 화분

→ 비닐봉지

---

* 죽은 나무나 이끼가 썩어서 만들어진 것으로 석탄
이 되기 전 단계의 물질이다. 토탄이라고도 한다.

안전 유의 사항

– 소나무 씨앗이 나무로 자라려면 몇
달이 걸릴 수도 있어요. 반면에 봄에
떨어지는 단풍나무 씨앗은 금방 자
랍니다. 씨앗을 냉장고에 보관해 두
었다가 겨울에 싹을 틔워도 됩니다.

– 씨앗을 삼키지 마세요.

씨앗에서 새싹을 틔워 보세요.

실험 순서

1단계 : 솔방울이나 헬리콥터 날개처럼
생긴 단풍나무 씨앗 같은 나무 씨앗을
모은다. (사진 1)

2단계 : 솔방울을 베이킹 팬에 놓고 씨
앗이 떨어져 나오도록 며칠간 말린다.
(사진 2)

3단계 : 핀셋으로 솔방울에 남아 있는
씨앗을 떼어 내어 물에 담근다.

4단계 : 물에 둥둥 뜨는 씨앗은 싹이 트
지 않을 확률이 높기 때문에 건져 버
린다. 가라앉은 씨앗을 건져 물기를 말
린다.

사진 5. 혼자서 살 수 있을 정도로 자라면 나무를 밖에 옮겨 심는다.

5단계 : 지퍼백에 습기 있는 모래(젖은 모래가 아니라)나 이탄(아니면 모래와 이탄을 동량으로 섞는다)
을 넣고 소나무 씨앗과 섞는다. 공기가 들어갈 구멍만 조금 남기고 지퍼백을 잠근다. 냉장고에 3~6주
간 둔다.

6단계 : 단풍나무 씨앗을 사용한다면 헬리콥터 날개 모양의 껍질을 벗기고 씨앗만 축축한 키친타월에 싸
서 지퍼백에 넣고 공기 구멍을 남기고 잠근다. 냉장고에 넣고 8주간 둔다. (사진 3)

사진 1. 솔방울을 모은다.

사진 2. 씨앗이 떨어져 나오도록 솔방울을 말린다.

사진 3. 단풍나무 씨앗은 냉장고에 넣어도 되고 바로 심어도 된다.

사진 4. 나무 씨앗을 화분에 심는다.

실험 속 과학 원리

대부분의 나무 씨앗은 동면 상태에 있기 때문에 바로 싹을 틔우지 못합니다. 동면은 '잠이 들어 있다'는 뜻입니다. 씨앗을 깨우려면 단단한 씨앗 껍질을 부드럽게 만들거나 없애 줘야 하는데 이를 **종피법(種皮法)**이라고 합니다.

대부분의 나무들은 봄에 싹을 틔우기 때문에, 싹을 틔우기 전에 일정 시간 동안 차가운 환경에 노출됩니다. 정원사들이 사용하는 **냉습적(冷濕積)**이란 방법으로 겨울을 흉내 내서 씨앗을 속일 수 있습니다. 그래서 씨앗을 심기 전에 여러 주 동안 냉장고 안에 보관하는 것입니다.

도전 과제

1. 실험에 쓸 수 있는 다른 나무 씨앗은 무엇이 있을까요?

2. 다른 씨앗 발아법이 있는지 찾아서 실험해 보세요.

7단계 : 매주 씨앗을 확인한다. 싹이 나기 시작하면 냉장고에서 꺼내 화분에 심는다. (8단계 참고)

8단계 : 냉장고에서 싹이 튼 씨앗을 꺼낸 다음, 화분에 작은 돌과 이탄, 모래, 화분용 영양토를 섞어 넣는다. 위에서 7~10cm 아래에 씨를 심고 주기적으로 물을 주어 흙을 축축하게 만든다. (사진 4)

9단계 : 묘목이 혼자 살 수 있을 만큼 자라면 날이 따뜻할 때 밖에 심는다. (사진 5)

단원 06
대기와 태양 과학

옛날 사람들은 오로라를 조상의 영혼이 멀리서 모닥불을 피워 전쟁이나 기근을 알려 주는 것이라고 생각했습니다. 현대 과학 덕에 오로라의 환상적인 빛은 신이 만든 것이 아니라 미립자의 충돌로 생긴다는 사실을 알게 됐습니다. 태양풍은 큰 에너지를 가진 전하 입자의 흐름으로 주기적으로 태양의 중력을 벗어나 지구로 날아옵니다. 태양 표면에서 일어나는 광대한 폭발과 태양 플레어는 때때로 많은 양의 전하 입자를 지구로 밀어 보냅니다.

지구는 남극과 북극 근처에 자극(磁極)이 있는 거대한 자석입니다. 지구를 둘러싼 자기장은 지구로 날아오는 대부분의 태양풍을 막아 주지만, 일부는 자기장에 갇혀서 자극(磁極)으로 떨어집니다. 큰 에너지를 가진 미립자가 지구 대기에 있는 산소와 질소 분자와 부딪혀 에너지가 빛으로 방출됩니다. 빛의 색깔은 부딪힌 기체의 종류와 높이에 따라 달라집니다. 때로는 빨강, 파랑, 보라색이 되지만 가장 흔히 볼 수 있는 색은 녹색입니다.

이 단원에서는 태양에서 오는 에너지와 대기 중의 기체에 대해 배워 보겠습니다. 오로라를 만들 수는 없지만, 병 안에 구름을 만들 수 있고 태양 에너지로 풍선을 터뜨릴 수도 있으며 기압을 이용해 카드 마술을 할 수도 있습니다.

태양열 빔

재료

→ 풍선

→ 마시멜로

→ 돋보기

태양 에너지로 풍선을 터뜨리고, 마시멜로도 구워 보세요.

사진 4. 마시멜로가 태양 에너지를 받아 어떻게 변하는지 관찰한다.

안전 유의 사항

– 구름 없이 맑은 날 실험하면 잘 됩니다.

– 어른이 지켜봐 주세요.

실험 순서

1단계 : 풍선을 분다. (사진 1)

2단계 : 태양을 등지고 선다.

3단계 : 한 손에 풍선을 들고 돋보기로 풍선에 태양빛의 초점을 맞춘다. 돋보기를 앞뒤로 움직이면서 가능한 빛이 가장 밝고 작아지도록 맞추면 된다.

사진 1. 풍선을 분다

사진 2. 풍선이 터질 때까지 태양빛의 초점을 맞춘다.

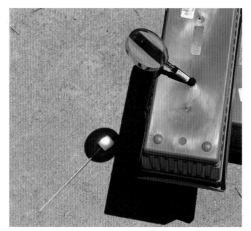

사진 3. 마시멜로에 초점이 맞춰지도록 돋보기를 고정한다.

4단계 : 풍선이 터질 때까지 초점을 유지한다. (사진 2)

5단계 : 마시멜로를 접시 위나 길바닥에 놓는다. 마시멜로에 초점이 맞는 위치를 찾아 돋보기를 고정한다. 실험에서는 화분을 뒤집어 배수 구멍에 꽂아 두었다. (사진 3)

6단계 : 몇 분 간격으로 마시멜로를 확인한다. 마시멜로에서 연기가 나기 시작하면 돋보기를 치운다. (사진 4)

실험 속 과학 원리

맑은 얼음으로 불을 피울 수 있다는 사실을 알고 있나요? 돋보기 모양이면 가능합니다.

돋보기는 볼록 렌즈를 사용하는데, 그릇의 바깥 면처럼 생겼습니다. 볼록 렌즈는 빛을 굴절시켜 렌즈로 들어오는 모든 빛을 한 점에 모을 수 있습니다. 빛이 모여서 만나는 점을 **초점**이라고 합니다.

돋보기를 풍선에서 너무 멀리 들고 있으면 빛이 맺히는 점은 더 크고 덜 밝을 것입니다. 이렇게 보이는 이유는 빛이 초점을 지나 다시 퍼지기 때문입니다.

태양빛은 큰 에너지를 가지고 있고, 어떤 물질과 만나면 반응하게 됩니다. 모든 파장의 빛이 돋보기를 통과하면서 작은 점에 모이면 풍선이든 마시멜로든 뜨겁게 만들 수 있습니다.

어떤 물건에 모을 수 있는 태양열의 양은 렌즈의 크기와 모양에 달려 있습니다. 큰 렌즈가 작은 렌즈보다 더 많은 빛을 모을 수 있을까요?

도전 과제

1. 물 풍선을 가지고 실험해 보세요.

2. 여러 가지 색의 풍선을 똑같은 크기로 불어서 실험해 보세요. 색깔에 따라 풍선이 터지는 데 걸리는 시간이 다른가요?

3. 여러 가지 돋보기의 초점거리를 재어 보세요 (실험 속 과학 원리 참조).

태양 복사기

재 료

→ 잎사귀, 꽃, 풀 등

→ 색도화지

→ 비닐 랩 또는 투명 아크릴 판

안전 유의 사항

– 이 실험은 맑은 날, 해가 중천에 떠 있을 때 가장 잘 됩니다.

태양이 찍어 낸 멋있는 작품을 감상하세요.

사진 4. 태양으로 복사하기 성공!

실험 순서

1단계 : 특이한 모양의 꽃이나 잎사귀를 모은다.

2단계 : 햇빛이 비치는 평평한 곳에 색도화지를 놓는다.

3단계 : 색도화지 위에 원하는 대로 꽃과 잎사귀를 놓는다. (사진 1)

4단계 : 비닐 랩으로 싸거나 아크릴 판을 올린다. 바람이 부는 날에는 날아가지 않도록 돌을 얹어 놓는다. (사진 2)

5단계 : 몇 시간 후 태양 복사기에서 랩과 식물을 치운다. (사진 3, 4)

사진 1. 색도화지 위에 꽃과 잎사귀를 올린다.

사진 2. 식물이 움직이지 않도록 랩으로 싸거나 투명한 아크릴 판을 올린다.

사진 3. 작품이 모습을 드러내도록 아크릴 판과 식물을 치운다.

도전 과제

1. 태양에 노출하는 시간을 다양하게 해서 얼마나 지나야 자외선이 종이 색을 바꾸는지 알아보세요.

2. 어떤 색깔의 색도화지가 더 잘 변하는지 실험해 보세요.

3. 색도화지에 자외선 차단제를 뿌리고 그늘에서 말린 다음, 실험을 해 보세요. 어떤 결과가 나오나요?

실험 속 과학 원리

지구의 별, 태양은 엄청난 양의 에너지를 뿜어 냅니다. 그중 일부는 빛의 형태로 지구의 대기를 뚫고 들어옵니다. 빛은 바다의 파도처럼 파동으로 우주를 여행합니다. 빛의 파장은 긴 것도 있고, 짧은 것도 있습니다.

우리가 주위에서 보는 색깔은 사물에 각기 다른 파장의 빛이 흡수된 결과입니다. 어떤 빛의 파동은 인간의 눈으로 감지하기에는 파장이 너무 짧습니다. 자외선에 속하는 이런 파동은 에너지가 너무 강해서 화학적 결합을 깰 수도 있습니다. 이런 화학적 변화는 색도화지가 빛을 흡수해서 색이 바래는 것처럼 영구적일 수도 있습니다.

실험에서 잎사귀와 꽃에 가려진 부분은 자외선을 피할 수 있습니다. 그래서 식물을 치우면 그 부분의 모양은 남고 나머지 부분은 색이 바래지는 것입니다. 이것을 보면 왜 자외선을 피해 그늘로 가는지 이해가 될 것입니다.

자전거펌프 구름

재 료

→ 공기 주입 바늘

→ 병 입구에 맞는 코르크, 가로로 반
  잘라서 준비

→ 자전거펌프

→ 보호안경이나 선글라스

→ 소독용 알코올(이소프로판올) 또
  는 증류주(에탄올) 2큰술(30ml)

→ 라벨을 제거한 2L짜리 투명한 페
  트병

안전 유의 사항

– 코르크는 어른이 반으로 잘라 공기
  주입 바늘을 끼워 주세요.

– 알코올을 마시면 위험하기 때문에
  실험할 때 어른이 지켜봐 주세요.
  병에 들은 알코올 냄새를 맡지 않도
  록 조심하세요.

– 보호안경을 착용하세요.

– 병에 공기를 너무 많이 넣지 마세
  요. 주의사항을 반드시 지켜 주세요.

음료수 병에 압력을 가해 눈 깜짝할 사이에 구름을 만들어 봅시다.

사진 4. 코르크를 빼면 병 속에 구름이 생긴다.

실험 순서

1단계 : 가로로 반 자른 코르크에 공기 주입 바늘을 꽂는다. 와인 따개로 구멍을 낸 다음 하면 쉽게 할
수 있다.

2단계 : 공기 주입 바늘을 자전거펌프에 연결한다. (사진 1)

3단계 : 보호안경이나 선글라스를 착용한다. 알코올을 붓고 병을 돌리면서 병 안쪽에 알코올을 고르게
바른다. (사진 2)

사진 1. 자전거펌프에 공기 주입 바늘을 끼운 코르크를 연결한다.

사진 2. 병 안쪽에 알코올을 고르게 묻힌다.

4단계 : 자전거펌프와 연결한 코르크를 병 입구에 단단히 끼운다.

5단계 : 병을 세워 놓고 약간 떨어져서 공기를 서서히 주입한다. 병 옆면이 아주 단단해질 때까지 계속한다. 한 사람이 공기를 주입하는 동안, 다른 한 사람은 코르크가 병에 잘 고정되도록 잡는다. (사진 3)

6단계 : 병을 잘 잡고 코르크를 제거한다. 병 속에 구름이 생기는 걸 볼 수 있다. (사진 4)

7단계 : 병을 코르크로 막고 병이 단단해질 때까지 다시 공기를 주입한다. 구름이 사라질 것이다.

8단계 : 코르크를 제거한다.

사진 3. 병에 공기를 주입한다.

도전 과제

1. 실험에 사용할 수 있는 다른 액체는 뭐가 있을까요?

2. 물을 가지고 실험해도 같은 결과가 나올까요?

실험 속 과학 원리

알코올은 실온에서 기체로 증발하는데 눈에 보이지는 않습니다. 하지만 차가운 알코올 분자는 서로 뭉쳐 작은 방울이 되기 때문에 눈에 보이는 안개가 됩니다.

실험에서는 알코올로 코팅한 병에 공기를 주입하면서 압력을 높입니다. 병 속의 알코올 중 일부는 공기를 주입할 때 이미 기체로 바뀐 상태입니다. 알코올 분자, 물 분자, 공기 분자가 병 안에 갇힌 채 압력이 올라가면서 서로 부딪혀 병 안의 온도가 상승합니다.

이때 코르크를 열면, 압력이 빠르게 내려가고 병 속의 온도도 급속도로 내려갑니다. 따라서 알코올 분자와 물 분자가 응결되면서 물방울이 생기고 병 안에는 구름으로 가득 차게 됩니다.

다시 코르크로 병을 막고 공기를 주입해서 압력을 올리면 내부 온도가 올라가 분자들이 기체로 변하기 때문에 보이지 않게 됩니다.

물컵 뒤집기 마술

재 료

→ 유리컵, 입구가 카드로 가려질 만한 크기

→ 카드 한 벌

→ 물

안전 유의 사항

− 카드가 물에 젖을 수도 있어요.

− 어린아이는 도움이 필요할 수도 있어요.

매일 똑같은 카드 마술에 질렸나요? 카드로 물컵을 막아 뒤집어 보세요. 친구들이 깜짝 놀랄 거예요.

사진 4. 대기압이 컵 위의 카드를 밀어준다.

실험 순서

1단계 : 유리컵에 물을 채운다. 가득 붓지 말고 윗부분에 공간을 약간 남겨 둔다. (사진 1)

2단계 : 카드로 유리컵의 입구를 막는다. 빈틈이 없도록 완전히 막아야 한다. 카드를 평평하게 유지한다. (사진 2)

사진 1. 유리컵에 물을 붓는다.

사진 2. 컵 위를 카드로 덮는다.

3단계 : 한 손으로 카드가 구부러지지 않게 살짝 막고 재빨리 컵을 뒤집는다. 손바닥보다 손가락으로 막는 게 더 쉽다.

4단계 : 물 새는 곳이 없다면 카드에서 손을 뗀다. 카드가 물을 막고 유리컵에 붙어 있는 것을 볼 수 있다. (사진 3, 4)

5단계 : 물이 샌다면 다시 해 보자! 새로운 카드로 하는 것이 좋다.

사진 3. 컵을 뒤집은 다음 손을 뗀다.

실험 속 과학 원리

우리는 공기 분자의 바다 속에 살고 있습니다. 우리가 느끼지 못할 뿐이지, 공기 분자들은 우리의 몸과 주위의 사물을 강한 힘으로 밀고 있습니다. 이 힘을 **대기압**이라고 합니다. 대기압은 우리를 사방에서 밀고 있습니다.

카드를 덮은 컵을 뒤집으면, 중력은 컵 안의 물 분자를 아래로 끌어당깁니다. 하지만 물을 끌어당기는 힘이 카드를 밀어 올리는 대기압의 힘보다 작기 때문에 물이 쏟아지지 않습니다.

물 분자는 서로 달라붙는 성질이 있기 때문에 표면 장력이 생깁니다. 그 결과 물 표면에 탄력 있는 막이 생깁니다. 일부 물 분자는 카드를 잡아당기는데 이 힘을 **접착력**이라고 합니다. 접착력 때문에 카드가 컵에 붙어 있는 것입니다.

친구가 이유를 묻는다면, 대기압이 컵 아래 있는 카드를 밀어주고 표면 장력과 물 분자 간의 결합력이 물이 새는 것을 막아 준다고 대답해 주세요.

도전 과제

1. 컵에 물을 더 채워 봅시다. 얼마까지 더 부을 수 있나요?

2. 컵 입구에 주방 세제를 바르고 실험해 보세요. 결과는 어떤가요?

3. 옷핀으로 카드에 구멍을 내고 실험해 보세요. 물이 구멍으로 흐르나요? 흐르는 이유는 뭘까요? 흐르지 않는다면 왜 그런 걸까요?

자외선 감지기

재 료

→ 투명한 컵이나 병

→ 토닉 워터*

→ 수돗물

→ 검은색 도화지나 천

---

* 우리나라에서 퀴닌은 의약품으로 분류되어, 현재 판매하는 토닉 워터에는 퀴닌이 들어 있지 않다. 대신 리보플래빈(비타민 B2)이라는 형광 물질로 실험하면 똑같은 효과를 얻을 수 있다.

안전 유의 사항

– 이 실험은 햇빛이 좋은 날 하면 잘 되요.

태양에서 오는 자외선으로 토닉 워터를 빛나게 해 보세요.

사진 4. 토닉 워터가 희미하게 빛나면서 푸르스름한 색을 띤다.

실험 순서

1단계 : 컵 하나에 토닉 워터를 붓는다. (사진 1)

2단계 : 다른 컵에는 수돗물을 붓는다. (사진 2)

3단계 : 실내나 완전히 그늘진 곳에 두 컵을 나란히 놓는다. 컵 뒤에 검은색 도화지를 대고 색깔을 비교한다.

4단계 : 해가 잘 드는 곳에 컵을 나란히 놓은 다음, 컵 뒤에 검은 도화지를 댄다. 토닉 워터가 희미하게 빛나면서 푸르스름한 색을 띠는 것을 볼 수 있다. (사진 3, 4)

사진 1. 투명한 컵에 토닉 워터를 붓는다.

사진 2. 다른 컵에 수돗물을 붓는다.

사진 3. 해가 잘 드는 곳에 컵을 놓는다.

5단계 : 같은 실험을 햇빛 옆의 약간 그늘진 곳에서 다시 해 본다.

6단계 : 관찰 결과를 과학 일지에 적는다.

실험 속 과학 원리

사람의 눈은 가시광선 영역의 빛만을 감지할 수 있습니다. 적외선 영역의 빛은 파장이 너무 길어서 볼 수 없고, 자외선 영역의 빛은 파장이 너무 짧아 볼 수 없습니다. 자외선은 눈에 보이지 않지만 피부가 탈 정도로 강한 에너지를 가지고 있습니다.

토닉 워터는 말라리아 치료제로도 쓰이는 퀴닌 성분이 들어 있습니다. 퀴닌은 자외선을 흡수했다가 빛으로 다시 내보내는 성질이 있습니다. 이 성질을 **형광**이라고 하는데 많은 과학 실험에서 유용하게 쓰입니다. 수돗물에는 형광 물질이 전혀 들어 있지 않아 자외선에도 빛나지 않습니다.

도전 과제

토닉 워터 외에 자외선을 감지할 재료는 무엇이 있을까요? '실험 25. 태양 복사기'를 해 보세요.

단원 07
정원 호스 과학

압력이란 단위 면적에 가해지는 힘의 크기입니다. 부츠를 신고 눈길을 걸으면 자신의 무게만큼 발 아래의 눈을 누르게 됩니다. 하지만 설피*를 신고 걸으면 몸무게가 넓은 면적으로 분산되어 압력이 줄어듭니다. 마치 눈덧신토끼**가 눈밭을 잘 돌아다니는 것처럼요.

우리는 거대한 공기 덩어리 아래에서 살고 있습니다. 대기압은 늘 우리의 몸과 주위의 사물들을 누르고 있습니다. 잠수를 하면 내 위에 있는 물의 무게만큼 압력을 받게 됩니다.

이 단원에서는 호스를 높이 매달고 물을 채우면 호스에 연결된 보온 물주머니나 에어 매트리스 위에 올라선 사람을 들어 올리는 재미있는 수압 실험을 할 것입니다.

어린이 풀장에 알루미늄 포일로 만든 배를 띄워 부력에 대해 알아볼 것입니다. 손에 물을 묻힌 김에 물결도 만들어 보고 사이펀 실험으로 더운 여름의 열기도 날려 봅시다.

---

* 산간 지대에서, 눈에 빠지지 않도록 신 바닥에 대는 넓적한 덧신.
** 발의 덮개털이 두꺼운 북미산(産) 토끼.

사이펀* 롤러코스터

재 료

→ 물 풍선

→ 커다란 플라스틱 상자 2개, 하나는 투명한 것

→ 직경 1.5~2cm 크기의 투명한 호스 2~5m

→ 물

찢어진 풍선 조각을 플라스틱 튜브 워터 슬라이드에 태워 봅시다.

사진 4. 사이펀이 작동하면 풍선 조각을 튜브 위쪽에 넣는다.

안전 유의 사항

– 물 근처에 어린아이를 혼자 두지 마세요.

– 호스의 윗부분은 반드시 물속에 잠겨 있어야 합니다. 아니면 사이펀이 제대로 작동하지 않습니다.

– 여럿이 함께 실험하면 좋아요.

– 풍선 조각이 어린아이의 기도를 막을 수도 있으니 조심하세요.

실험 순서

1단계 : 물 풍선 싸움을 한다. 찢어진 풍선 조각을 모은다. (사진 1, 2)

2단계 : 넓고 투명한 박스를 의자 위에 올리고 고무호스에 물을 채운다. 바로 옆 바닥에 다른 플라스틱 박스를 놓는다. (사진 3)

3단계 : 위에 있는 박스에 고무호스를 푹 담가 호스 안의 공기를 완전히 뺀다. 호스 안에 공기가 보인다면 물속에서 호스를 흔들어 완전히 제거한다. 아니면 호스의 한쪽 끝을 막고 물을 채운다.

4단계 : 한 사람이 위에 있는 박스의 물속에서 호스 끝부분을 잡고 있고 다른 사람은 호스의 다른 쪽 끝을 엄지로 막는다. 두 번째 사람이 잡고 있는 호스의 끝부분을 꺼내 아래쪽 박스로 옮긴다. 반드시 잡고 있는 끝부분이 물에 잠긴 호스의 끝보다 낮아야 한다.

5단계 : 위쪽 호스 끝부분은 물속에 계속 잡고 있는 상태에서 아래쪽 호스 끝을 잡고 있던 엄지를 치워 물을 흘려 보낸다.

---

* 대기의 압력을 이용하여 액체를 하나의 용기에서 다른 용기로 옮기는 데 쓰는 관.

사진 1. 물 풍선 싸움을 한다.

사진 2. 찢어진 풍선 조각을 모은다.

사진 3. 근 박스에 물을 채운다.

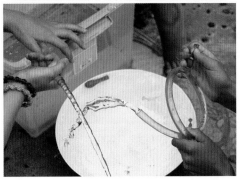

사진 5. 풍선이 시이펀 롤리고스디 디는 것을 관찰한다.

실험 속 과학 원리

사이펀은 수영장의 물을 빼거나 논밭에 물을 댈 때 많이 사용됩니다. 펌프 없이 물을 이쪽에서 저쪽으로 옮길 수 있기 때문입니다.

사이펀에서 물은 호스의 짧은 오르막을 지나 장벽을 넘고 호스의 긴 내리막을 따라 아래로 흐릅니다. 호스 아래쪽을 잡은 엄지를 떼면 대기압과 중력이 위쪽 물을 밀어 장벽을 넘어 아래로 흐르게 합니다.

대기압과 중력은 계속해서 물을 밀어 올려 장벽을 넘게 하지만, 위쪽 호스에 공기가 들어가면 이 현상은 더 이상 일어나지 않습니다.

6단계 : 물이 사이펀을 타고 위쪽 박스에서 아래쪽 박스로 흐른다.

7단계 : 아래쪽 호스를 이리저리 꼬아서 롤러코스터를 만든다.

8단계 : 풍선 조각을 위쪽 호스에 넣고 풍선 조각이 롤러코스터 타는 것을 관찰한다. (사진 4, 5)

9단계 : 실컷 놀았으면 위쪽 박스의 호스를 물에서 꺼내서 사이펀 실험을 끝낸다.

도전 과제

1. 위쪽 박스를 사다리의 아래 발판에서 위 발판까지 높이를 조금씩 올려가면서 같은 실험을 하면 어떤 결과가 나올까요? 박스의 높이가 풍선이 호스를 빠져나가는 속도에 영향을 미치나요? 스톱워치로 재 보세요.

2. 더 긴 호스로 실험을 하면 사이펀을 지나는 물의 속도에 어떤 변화가 생길까요?

어린이 풀장 보트

재 료

→ 어린이 풀장이나 큰 대야

→ 30 × 30cm 크기의 알루미늄 포일 3장, 더 만들고 싶으면 몇 장 더 준비

→ 동전 여러 개

안전 유의 사항

– 절대 어린아이를 물 근처에 혼자 두지 마세요.

– 어린아이가 동전을 삼키지 않도록 주의하세요.

알루미늄 포일로 배를 만들어 어떤 모양이 제일 잘 뜨는지 실험해 보세요.

사진 4. 여러 가지 모양을 만들어 실험해 본다.

실험 순서

1단계 : 풀장에 물을 채운다. 잘라 놓은 포일을 가장자리부터 물에 넣는다. 어떻게 되는지 관찰한다.

2단계 : 포일을 구긴다. 물에 넣고 뜨는지 가라앉는지 관찰한다. (사진 1)

3단계 : 다른 포일로 배를 만들어 물에 넣고 뜨는지 관찰한다. (사진 2)

사진 1. 알루미늄 포일을 뭉쳐 물에 뜨는지 가라앉는지 관찰한다.

사진 2. 포일로 배를 만든다.

4단계 : 동전 몇 개를 배에 얹어야 가라앉는지 관찰한다. (사진 3)

5단계 : 동전을 더 많이 실을 수 있는 배를 구상하고 새로운 포일로 만들어 본다. (사진 4)

사진 3. 배에 동전을 얹는다.

도전 과제

1. 나무, 플라스틱, 돌, 금속 등으로 부력을 실험해 보세요.

2. 수영장에서 어떤 자세를 유지해야 잘 뜰까요? 잘 가라앉는 자세는 어떤 걸까요?

3. 같은 크기의 물 풍선과 그냥 풍선을 물에 띄워 비교해 보세요. 또 풍선에 반은 물을 반은 공기를 채워 띄워 보세요. 어떻게 되나요?

실험 속 과학 원리

부력은 물에 뜨는 힘을 말합니다. 잘 가라앉는 물건을 물에 띄우려면 적어도 물건의 무게만큼 밀어 올리거나 대체할 만한 모양을 만들어야 합니다.

어떤 물건이 차지하는 공간을 **부피**라고 하는데, 부피가 증가할수록 질량을 부피로 나눈 값, 밀도는 줄어듭니다. 보트를 띄우려면 적어도 보트가 밀어낼 물의 무게보다 배의 무게가 더 가벼워야 합니다. 즉 물의 밀도보다 보트의 밀도가 낮아야 합니다. 예를 들어 45kg의 금속 덩어리는 물을 많이 밀어내지 않아 순식간에 가라앉습니다. 하지만 같은 무게의 금속으로 배를 만들면 물을 많이 밀어내면서 뜨게 됩니다.

잘라 놓은 포일을 가장자리부터 물에 넣으면 포일이 물보다 밀도가 높아 가라앉지만, 배로 만들면 물을 밀어내면서 뜨게 됩니다. 여기에 동전을 계속 실으면 중력이 부력을 이겨 결국엔 가라앉습니다.

뭉친 포일이 가라앉았나요? 포일을 뭉치면 포일 공 안에 공기가 갇혀 있어 물에 뜨게 됩니다. 비슷한 원리로 구명조끼 안에도 많은 공기가 들어 있기 때문에 물에 뜹니다.

물결 과학

재 료

→ 어린이 풀장이나 큰 대야

→ 물

→ 돌 여러 개

→ 플라스틱 통 뚜껑이나 도마같이 평평하고 단단한 물건 2개

→ 길고 부드러운 밧줄

안전 유의 사항

– 절대 어린아이를 물 근처에 혼자 두지 마세요.

물과 밧줄로 매질을 통해 전달되는 에너지를 관찰해 보세요.

사진 1. 돌을 물에 떨어뜨려 생기는 물결을 관찰한다.

실험 순서

1단계 : 어린이 풀장에 물을 채운다.

2단계 : 돌을 물 가운데에 조심스레 떨어뜨려 물결을 관찰한다. 이제 두 명이 마주보고 서서 양 끝에 돌 2개를 동시에 떨어뜨리고 관찰한다. (사진 1)

3단계 : 플라스틱 통 뚜껑을 물속에 넣고 앞으로 밀면서 물결을 관찰한다. 깊이와 각도를 바꿔 가면서 물결이 변하는 모습을 관찰한다.

사진 2. 물결이 서로 만나면 어떻게 되는지 관찰한다.

4단계 : 두 사람이 반대편에서 마주보고 동시에 뚜껑을 밀어 중간에서 물결이 만나는 모습을 관찰한다. (사진 2)

5단계 : 밧줄을 땅에 길게 늘어놓고 두 사람이 마주 잡는다.

6단계 : 밧줄의 한쪽 끝을 위아래로 움직여 파동을 만든다. 빠른 파동도 만들어 보고 느린 파동도 만든다. 큰 파동도 만들고 작은 파동도 만든다. (사진 3, 4)

7단계 : 두 사람이 동시에 비슷한 파동을 만들어 가운데서 만나면 어떻게 되는지 관찰한다. 141쪽에 있는 실험 동영상을 참고하세요!

8단계 : 재미 삼아, 밧줄로 줄넘기를 해도 좋다.

사진 3. 밧줄로 물결을 만든다.

사진 4. 다양한 물결을 만들어 본다.

실험 속 과학 원리

우리 주변 많은 곳에서 파동을 볼 수 있습니다. 파동은 물, 밧줄, 공기 심지어 땅 같은 매질로 에너지가 전달되는 현상입니다. 진동도 파동을 만드는데 공기 압력의 진동이 바로 음파입니다.

밧줄을 위아래로 흔들면 파동을 따라 밧줄의 이쪽에서 반대편까지 에너지가 이동하지만 파동이 지나고 나면 밧줄은 원래 자리로 돌아갑니다. 물에 돌을 던지면 돌의 운동 에너지가 물을 쳐서 파동을 만들지만, 실제 물은 파동 방향으로 움직이지 않습니다.

파동의 마루는 가장 높은 지점을 말하고, 파동의 골은 가장 낮은 지점을 말합니다. 한 파동의 마루와 그다음 파동의 마루를 이은 선의 거리를 **파장**이라고 합니다. 실험에서는 두 파동이 만났을 때 어떤 현상이 일어나는지 보았습니다. 이것을 **간섭**이라고 합니다.

도전 과제

1. 두 사람이 서서 허리 높이로 밧줄을 잡고, 한 사람만 밧줄을 아래위로 흔들어 정상파를 만들어 보세요. 흔드는 속도에 따라 파동이 어떻게 변하는지 관찰하세요.

2. 빗과 얇은 종이로 피리를 만들어서 진동으로 생기는 음파를 들어 보세요. (tiny.cc/hand-sin-kazoo 참고)

물 실린더

재 료

→ 박스 테이프

→ 고무호스 2개

→ 보온 물주머니나 에어 매트리스

→ 발판 사다리

→ 호스 입에 맞는 깔때기

→ 도마처럼 단단하고 평평한 물건

안전 유의 사항

− 사다리를 이용할 때는 반드시 고정 장치를 사용하세요. 어린아이는 어른이 지켜봐 주세요.

− 보온 물주머니나 에어 매트리스에 호스를 연결할 때 물이 새는 것을 막으려면 박스 테이프가 많이 필요해요.

− 에어 매트리스 공기 주입구에 있는 차단막을 제거해 주세요. 차단막이 있으면 물이 호스로 역류할 수 있어요.

친구를 밀어 올리는 수압의 힘을 느껴 보세요.

사진 1. 수도꼭지를 틀어 실험을 시작한다.

실험 순서

1단계 : 보온 물주머니나 매트리스에 호스를 연결하고 박스 테이프로 감는다. 빈틈없게 꽁꽁 싸맨다!

2단계 : 다른 호스를 수도꼭지에 연결하고 호스 끝부분을 사다리 꼭대기로 올려 박스 테이프로 고정한다.

3단계 : 물주머니나 매트리스에 연결한 호스의 끝부분을 사다리로 들어 올려 깔때기를 연결한다. 사다리 꼭대기에 고정한 호스의 물이 깔때기에 떨어지도록 위치를 잡고 박스 테이프로 고정한다.

4단계 : 새는 곳이 없는지 확인하고 호스의 위치를 잘 조정한다. 수도꼭지를 틀어 물주머니나 매트리스에 물이 들어가도록 한다. (사진 1)

사진 2. 물주머니에 물이 차는 동안 도마 위에 서 있는다.

사진 3. 매트리스는 시간이 오래 걸린다. 느긋하게 기다리자.

5단계 : 보온 물주머니를 사용한다면 물주머니 위에 도마를 놓고 그 위에 올라선다. 수압이 사람을 밀어 올릴 것이다. 깔때기에 물이 넘치면 수도꼭지를 잠근다. (사진 2)

6단계 : 매트리스를 사용한다면 인내력이 필요하다. 물이 다 채워지는 데 한참 걸린다. 원한다면 매트리스 위에 누워 물이 몸을 밀어 올릴 때까지 기다린다. (사진 3)

7단계 : 물을 채운 매트리스에 몇 명까지 올라갈 수 있을까?

도전 과제

땅에서 깔때기까지의 거리를 재서 물기둥의 높이를 재 보세요. 여러분이 서 있는 물주머니나 매트리스에 가해지는 수압이 얼마인지 계산해 보세요.

실험 속 과학 원리

사다리에 매단 호스로 물을 틀면 에어 매트리스에 물이 차고, 호스까지 물이 가득 차게 됩니다. 호스가 연결된 아래쪽 매트리스에서 작용하는 물의 압력은 위쪽 깔때기까지 전달됩니다. '파스칼의 원리'에 의하면 유체의 한 부분에 가한 압력의 변화는 다른 부분에 그대로 전달됩니다. 따라서 호스에 물이 차올라 생기는 압력은 매트리스에도 그대로 전달됩니다.

가로 세로 높이 각각 1m인 용기에 물이 가득 담겨 있다면 무게가 1,000kg입니다. 그러므로 그 용기의 바닥은 m^2당 1,000kgf의 압력을 받습니다.

호스의 단면적을 대략 $400mm^2$으로 가정하면, 물이 가득 찬 높이가 1m인 호스 아래에 가해지는 힘은 1,000kgf × 0.0004 = 0.4kgf가 됩니다. 즉 호스의 높이가 높을수록 물주머니나 매트리스에 가해지는 힘은 더 커지고, 더 많은 무게를 들어 올릴 수 있습니다.

호스가 1.8m 높이에 매달려 있다면, 호스와 연결된 물주머니는 0.4kgf × 1.8 = 0.72kgf의 힘을 받습니다. 발로 딛고 선 물주머니의 넓이가 300 × 300mm = $0.09m^2$라면 파스칼의 원리에 따라 면적이 넓어진 만큼 더 큰 (0.72kgf × $0.09m^2$) / $0.0004m^2$ = 162kgf의 힘을 받습니다. 엄청난 힘입니다!

단원 08
놀이터 물리학

놀이터는 실물 크기의 물리학 실험실입니다. 추에 앉아 그네를 타고, 경사로를 미끄러져 내려오고, 대형 지렛대에서 시소를 타고, 원심 분리기에서 빙빙 돌 수 있습니다.

아주 옛날, 놀이터라는 것이 없었을 때 아이들은 그냥 거리를 뛰어다니고 아무데서나 미끄럼을 타고 매달려 놀았습니다. 현대식 놀이터가 없었던 1923년, 영국인 찰스 윅스티드는 공장에서 쓰던 파이프에 체인을 매달아 최초의 놀이터 그네를 만들었습니다. 알려진 바로는 안전망도 없이 아찔하게 높이 올라가는 그네였지만 인기는 최고였다고 합니다. 이런 인기에 힘입어 윅스티드는 그네, 미끄럼틀 같은 놀이기구를 만드는 회사를 설립했고 지금도 운영 중입니다.

만약 여러분에게 새로운 놀이기구를 의뢰한다면 어떤 것을 만들고 싶나요? 일단 놀이터에서 그네, 미끄럼틀, 뺑뺑이로 재미있는 실험을 해 본 다음 생각해 보세요.

미끄럼틀 경주

재 료

→ 같은 크기와 무게를 가진 캔 2개. 하나는 토마토소스 같은 액체, 다른 하나는 콩이 들어 있는 캔

→ 놀이터 미끄럼틀이나 집에서 만든 경사로

→ 긴 자 같은 막대기

→ 카메라가 있는 휴대 전화와 스톱 워치(선택 사항)

→ 지름, 길이, 무게가 다른 음식 캔

→ 장난감 자동차와 트럭

안전 유의 사항

– 캔이 굴러가면서 미끄럼틀 아래에 있는 아이를 치지 않도록 조심하세요.

어떤 캔이 더 빠르게 구르나 실험해 보세요.

사진 1. 액체 캔과 콩이 들어 있는 캔으로 경주를 해 본다.

실험 순서

1단계 : 미끄럼틀 꼭대기에 캔을 놓는다. 막대기로 출발선을 만들면 같은 높이에서 동시에 출발하게 할 수 있다.

2단계 : 어떤 캔이 더 빠를지 추측해 본다. 이것이 가설이다.

사진 2. 내용물이 있는 캔과 빈 캔으로 경주해 본다.

사진 3. 크기가 다른 캔으로 경주해 본다.

사진 4. 장난감 차로 경주해 본다.

3단계 : 동시에 캔을 굴려 어떤 캔이 바닥에 빨리 도착하는지 기록한다. 정확한 측정을 위해 휴대 전화 카메라와 스톱워치를 사용해도 좋다. (사진 1)

4단계 : 크기와 무게가 다른 캔으로 실험해 본다. (사진 2, 3)

5단계 : 장난감 자동차로 실험해 본다. 어떤 자동차가 이길지 예상해 본다. 캔으로 경주했을 때와 차이점은 무엇일까? (사진 4)

도전 과제

1. 지름이 다르지만 비슷한 무게와 내용물이 들어 있는 캔으로 실험해 보세요.

2. 막대기를 미끄럼틀 끝에 놓고 캔 굴리기 실험을 동영상으로 촬영해 보세요.

3. 동영상 편집 소프트웨어를 이용하여 영상을 슬로우 모션으로 보세요. 표시되는 프레임 시각을 이용하면 캔의 속도를 계산할 수 있습니다.

실험 속 과학 원리

중력은 우리를 미끄럼틀 아래로 잡아당기는 힘입니다. 마찰이 없는 경사로라면 크기와 질량에 상관없이 모든 물건은 같은 가속도로 미끄러져 내려옵니다. 하지만 구르는 것은 얘기가 다릅니다.

미끄럼틀 맨 위에서 비슷한 무게를 가진 액체 캔과 콩 통조림은 거의 같은 위치 에너지를 가집니다. 이 위치 에너지는 캔이 구르기 시작하면서 운동 에너지로 바뀝니다. 이때 많은 에너지를 병진(일직선으로 움직이는) 운동 에너지로 바꿀 수 있는 캔이 더 빨리 굴러갑니다.

콩 통조림 안의 콩은 서로 붙어 있기 때문에 캔과 콩이 한 몸으로 구릅니다. 즉 많은 에너지가 회전 운동 에너지로 바뀝니다.

액체 캔은 액체가 캔과 같이 움직이지 않기 때문에 캔 안의 대부분의 질량은 회전하지 않고 직선으로 내려갑니다. 따라서 미끄럼틀 꼭대기에서 가지고 있던 위치 에너지가 대부분 병진 운동 에너지로 바뀝니다.

이런 이유로 미끄럼틀 위에서 두 캔을 동시에 놓으면 액체가 든 캔이 콩이 든 캔을 이깁니다.

그네 진자

재 료

→ 놀이터 그네

안전 유의 사항

– 실험 참가자 2명이 필요해요.

– 첫 번째 실험을 할 때, 그네를 타는 사람이 다리로 구르면 실험에 실패할 수 있어요.

– 그네를 열 번 탔다면 그네를 탄 전체 시간을 10으로 나누면 평균 주기를 얻을 수 있어요.

그네를 타면서 물리학의 힘을 실험해 보세요.

사진 4. 똑같이 움직일까?

실험 순서

1단계 : 한 사람이 그네에 다리를 앞으로 놓고 앉는다.

2단계 : 다른 사람이 뒤에서 그네를 있는 힘껏 당긴다. (사진 1)

사진 1. 뒤에서 한 사람이 그네를 당긴다.

사진 2. 그네가 돌아와도 사람을 치지 않는다.

사진 3. 똑같이 움직이도록 애써 본다.

3단계 : 그네를 밀지 말고 그냥 놓는다. 움직이지 말고 그 자리에 서 있는다.

4단계 : 그네를 탄 사람이 뒤로 오지만 그네를 놓 았던 사람을 치지는 않는다. (사진 2)

5단계 : 줄 길이가 같은 그네 2개로 싱크로나이 즈 그네를 타 본다(그네 구르기를 동시에 멈춘 다). 줄 길이가 서로 다른 그네로도 실험해 본다. (사진 3, 4)

실험 속 과학 원리

진자는 줄에 추를 달아 중력의 도움으로 움직이는 장치입니다. 추는 앞뒤로 매우 규칙적으로 움직이는데, 줄을 짧게 하면 왕복 속도가 더 빨라집니다. 놀이터 그네도 일종의 진자입니다. 한편 그네를 놓은 시점에서 다시 원위치로 돌아오는 데 걸리는 시간을 **주기**라고 합니다.

우리가 걸을 때는 중력의 도움을 받아 진자처럼 다리가 왔다 갔다 합니다. 다리가 긴 사람은 다리가 짧은 사람보다 더 천천히 걷는 경향이 있습니다. 실험에서 줄이 긴 그네가 짧은 그네보다 천천히 왔다 갔다 하는 것과 비슷합니다.

추를 당겼다 놓고 에너지를 가하지 않으면 절대 출발 지점을 넘어서지 못합니다. 마찬가지로 여러분이 누군가의 그네를 당겨서 밀지 않고 놓기만 했다면 에너지가 더해지지 않았기 때문에 돌아와 여러분을 치지 않습니다.

도전 과제

몸무게가 다른 경우와 그네 줄 길이가 다른 경우에 주기가 어떻게 바뀌는지 측정해 보세요. 얼마나 높이 그네를 타는지가 주기에 영향을 미치나요?

상대성 돗자리

재 료

→ 커다란 천 또는 천으로 된 돗자리

→ 농구공이나 축구공 같은 커다란 공

→ 테니스 공 같은 작은 공

안전 유의 사항

− 4명 이상이 있어야 실험이 잘 돼요.

사진 3. 어떤 힘이 공을 끌어 당길까?

실험 순서

1단계 : 여러 명이 천을 잡고 당겨서 땅과 수평이 되도록 만든다.

2단계 : 커다란 공을 천 가운데에 놓는다. 천이 어떻게 되는지 관찰한다. (사진 1)

3단계 : 커다란 공을 천 가운데에 둔 채로 작은 공을 굴리면 어떻게 되는지 관찰한다.

사진 1. 평평하게 잡은 천의 중앙에 공을 놓는다.

사진 2. 공을 공중으로 튕겨 올린다.

4단계 : 공을 있는 힘껏 높게 쳐 올린 다음 천으로 잡아 보자. 어떤 힘이 공을 끌어당기는 것일까? (사진 2, 3)

도전 과제

같은 실험을 트램펄린에서 해 봅시다. 한 사람이 가운데에 서 있고 옆에서 공을 굴리면 사람이 서 있는 곳으로 굴러갈까요?

실험 속 과학 원리

알베르트 아인슈타인은 시간과 공간에 대한 새로운 이론을 제시한 유명한 과학자입니다. 아이슈타인은 실험에서처럼 공간에 놓여 있는 천으로 이 이론을 설명했습니다.

무거운 공이 여러분이 들고 있는 천을 움푹 파이게 했듯이, 아인슈타인은 항성과 행성들의 육중한 몸체가 시공간을 뒤틀고 휘게 만든다는 이론을 제시했습니다. 바로 **일반 상대성 이론**입니다.

태양계의 지구와 다른 행성들은 무거운 태양이 만든 휘어진 시공간을 따라 돌고 있습니다. 실험에서도 작은 공이 큰 공 때문에 움푹 파인 천의 곡면을 따라 회전하는 것을 볼 수 있습니다.

여러분이 공중으로 던진 공은 달을 지구로 당기고 행성들을 태양으로 당기는 것과 같은 힘 때문에 끌려 내려옵니다. 이 힘을 중력이라고 합니다.

뿌듯한 정원 가꾸기

보리, 쌀, 밀, 콩, 호박은 원시 인류가 들판이나 정원에서 재배한 최초의 농작물입니다. 수천 년 동안 인류는 빨리 자라면서, 해충에도 강하고, 맛있는 음식이 되는 씨앗을 소중히 여겨 왔습니다. 오래전부터 과학자들은 식물의 DNA 조작을 통해, 농부와 정원사는 우수한 개체를 골라 교잡, 타가수분, 접붙이기 하는 육종법으로 품종을 개량해 왔습니다.

현대 농업은 여러 가지 문제에 직면해 있습니다. 비록 과학 기술이 눈부시게 발전하긴 했지만 폭발적인 인구 증가로 인해 안전한 먹거리, 작물의 다양성, 민감한 생태계 모두 위기에 처해 있습니다. 아직 농업의 종말이 닥치지는 않았지만, 미래를 걱정하는 사람들은 북극 근처에 저장고를 지어 수천 종의 씨앗을 냉동 보관하고 있습니다.

물, 햇빛, 온기와 영양분 있는 땅만 있으면 여러분도 자신이 먹을 음식을 키울 수 있습니다. 이 단원에서는 어떤 씨앗이 가장 빨리 싹을 틔우는지 관찰하고, 새싹이 어떻게 빛에 반응하는지 알아보고, 음식물 쓰레기로 비료도 만들어 볼 것입니다.

타감 작용* 실험

재 료

→ 직사각형 화분 또는 작은 화분이나 종이컵 여러 개

→ 화분용 영양토

→ 아이스크림 막대기나 식물 이름표

→ 다음 재료 중 2개 이상 ; 레몬, 오렌지, 호두, 솔잎, 민트, 유칼립투스 잎, 국화 잎, 토마토 잎

→ 절구와 절굿공이, 푸드 프로세서

→ 강판

→ 치아 씨앗** 또는 래디쉬 씨앗

** 꿀풀과에 속하는 치아(Chia)의 씨앗으로 남미가 원산지이다. 영양분이 풍부해서 에너지바와 씨리얼에 쓰이고, 요구르트와 곁들여 먹기도 한다.

안전 유의 사항

– 견과류 알레르기가 있다면 호두를 빼세요.

새싹을 틔우면서, 식물이 자신의 공간을 지키기 위해 벌이는 화학 전쟁을 살펴봅시다.

사진 3. 다진 재료를 흙에 뿌린다.

실험 순서

1단계 : 화분에 영양토를 채운다.

---

* 他感作用. Allelopathy. 한 생물이 다른 생물의 성장, 생식, 생존에 영향을 주는 생화학 물질을 만들어 내는 작용.

사진 1. 호두나 잎사귀를 간다.

사진 2. 레몬 껍질을 간다.

2단계 : 아이스크림 막대기로 실험하고 싶은 재료 수에 대조군 하나를 더한 만큼 칸을 나눈다. 대조군에는 아무것도 뿌리지 않는다. 각 구획마다 뿌릴 재료를 막대기나 이름표에 써서 표시한다. 작은 화분을 이용한다면 각각에 이름표를 붙이고 하나는 대조군으로 둔다.

3단계 : 호두는 절구에 찧고, 레몬이나 오렌지는 껍질을 갈고, 잎사귀는 다지거나 찧어서 각각 준비한다. 재료 준비에 시용한 도구는 오염을 방지하게 위해 반드시 씻어서 다음 재료에 사용한다. (사진 1, 2)

4단계 : 각 구획이나 화분 위에 준비한 재료를 한 가지씩 뿌리고 7~10cm 정도 깊이로 흙과 섞는다. 대조군에는 아무것도 섞지 않는다. (사진 3)

5단계 : 치아 씨앗이나 래디쉬 씨앗을 각 구획에 심는다. 구획마다 연필로 구멍을 만들어 같은 수를 심거나, 씨앗을 몇 작은술 (약 15g) 뿌린 다음 흙과 고르게 섞는다.

6단계 : 조심스레 물을 준다.

7단계 : 매일 씨앗을 관찰한다. 각 구획에서 언제 싹이 트는지, 어떤 재료가 씨앗의 성장에 도움을 주는지, 아니면 싹을 틔우고 성장하는 데 방해를 하는지 기록한다. (사진 4)

사진 4. 어떤 재료가 씨앗이 자라는 데 영향을 주는지 관찰한다.

도전 과제

갈매나무, 마늘냉이, 분홍수레국화, 방동사니 같은 침입식물의 잎, 씨앗, 열매를 구해 타감 작용 실험을 해 보세요.

실험 속 과학 원리

식물은 자랄 공간이 필요합니다. 그래서 어떤 식물은 다른 식물이 주변에 자라지 못하도록 생화학 물질을 만들어 내기도 합니다. 이 현상을 **타감(他感) 작용**이라고 하는데, 문자 그대로 다른 생명체에 영향을 준다는 뜻입니다. 몇몇 화학 물질은 경쟁 식물에 직접적으로 유해하지만, 대부분의 물질은 식물과 다른 유기체 간의 상호작용을 방해합니다. 정도의 차이는 있겠지만 결국 주변의 어린 싹의 성장을 방해해서 자신이 자랄 공간을 마련합니다.

침입식물은 타감 작용 물질을 특별히 잘 만들어 낸다고 볼 수 있습니다. 그래서 새로운 환경에서도 넓고 빠르게 퍼지는 것입니다.

많은 식물들이 뿌리에서 이런 물질을 내보내고, 생태계도 복잡하기 때문에 타감 현상을 관찰하기 위한 의미 있는 실험을 설계하기 어렵습니다. 하지만 이 실험을 통해 씨앗의 발아에 영향을 미치는 식물의 타감 작용을 흥미롭게 관찰할 수 있습니다.

퇴비 만들기

재 료

→ 자연 분해되는 커피 찌꺼기, 과일, 야채 찌꺼기, 달걀 껍데기 같은 음식물 쓰레기

→ 양동이나 컵 같은 용기 2개

→ 우유 뚜껑 같은 작은 플라스틱 2개

→ 삽

→ 땅 온도계나 고기용 온도계

안전 유의 사항

- 지역 전기 회사에 문의하여 땅속 전선 위치를 확인해 둔다.

- 날씨가 따뜻한 계절에 실험하면 잘 돼요.

흙구덩이를 파서 영양소 순환에 대해 배우고 텃밭에 줄 퇴비도 만들어 봅시다.

사진 3. 음식물 쓰레기를 구덩이에 버린다.

실험 순서

1단계 : 퇴비용 음식물 쓰레기를 모은다. 쓰레기를 똑같이 나누어 2개의 용기에 담는다. 용기에 각각 플라스틱 우유 뚜껑을 넣는다. 이렇게 하면 퇴비 더미와 쓰레기 매립지에서 플라스틱이 어떻게 변하는지 알 수 있다. (사진 1)

사진 1. 부엌에서 나오는 음식물 쓰레기를 모은다.

사진 2. 땅에 2개의 구덩이를 판다.

2단계 : 땅에 구덩이를 2개 판다. 적어도 30cm 깊이로 판다. (사진 2)

3단계 : 각각의 구덩이에 음식물 쓰레기를 넣고 흙으로 덮는다. (사진 3)

4단계 : 하나는 '물 없음', 다른 하나에는 '물'이라고 쓴 푯말을 세운다.

5단계 : 이틀에 한 번씩 '물' 푯말이 있는 흙에 물을 준다.

6단계 : 물을 줄 때마다 온도계로 두 곳의 온도를 재서 기록한다. 그리고 구덩이 근처의 온도와 비교해 본다. (사진 4)

7단계 : 몇 주 후에 구덩이를 파서 음식물 쓰레기가 얼마나 잘 분해됐는지 관찰한다. 방수포나 비닐봉지에 펼쳐 놓고 자세히 관찰한다.

8단계 : 내용물을 다시 땅에 묻거나, 퇴비가 잘됐으면 텃밭 작물에 비료로 쓴다. 플라스틱 뚜껑은 재활용한다.

사진 4. 퇴비의 온도를 잰다.

도전 과제

1. 퇴비를 꾹꾹 눌러 다져서 산소를 제한하면 어떻게 되는지, 퇴비에 깎은 잔디와 낙엽을 더하면 어떤 영향을 미치는지 실험해 보세요.

2. 퇴비나 주위 흙에서 벌레가 몇 마리나 나왔는지 기록해 보세요.

실험 속 과학 원리

모든 생태계에서 영양분은 한 세대에서 다음 세대로 이동합니다. 식물 같은 먹이 사슬의 생산자는 영양분을 토양과 공기에서 얻습니다. 그 식물을 동물이 먹고, 그 동물은 더 큰 동물이 먹습니다. 결국에는 식물도 동물도 죽고 분해되어 다시 식물의 영양분으로 쓰이면서 순환됩니다.

박테리아나 곰팡이 같은 분해자는 사체를 먹고 분해하는데 이 과정에서 에너지가 발생합니다. 분해자는 축축하고 영양분 많은 퇴비 더미에서 더 빨리 성장하기 때문에 해충이나 해로운 박테리아를 죽일 만큼 충분한 열을 생산합니다. 분해자가 잘 자라려면 물이 필요하고 몇몇은 산소도 필요합니다. 그래서 가끔씩 삽으로 퇴비를 뒤적여 주면 좀 더 효과적으로 퇴비를 만들 수 있습니다.

퇴비 제조 용기를 사거나 만들어서 음식물 쓰레기로 양분이 풍부한 비료를 만들어 정원에 뿌려 보세요.

새싹 경주

재 료

→ 직사각형 화분 또는 작은 화분이 나 종이컵 여러 개

→ 화분용 영양토

→ 아이스크림 막대기 또는 식물 이 름표

→ 다양한 씨앗과 마른 콩

안전 유의 사항

– 어린아이가 마른 콩을 삼키지 않도 록 지켜보세요.

식물 올림픽을 개최해 서 식물이 자라는 속 도를 비교해 보세요.

사진 4. 어떤 식물이 가장 빨 리 자라는지 관찰한다.

실험 순서

1단계 : 화분에 영양토를 채운다.

2단계 : 준비한 씨앗만큼 아이스크림 막대기로 구획을 나눈다.

3단계 : 각각의 씨앗을 심을 자리에 이름표를 세운다. (사진 1)

사진 1. 구획을 나누고 이름표를 세운다.

사진 2. 설명서의 지시에 따라 씨앗과 콩을 심는다.

4단계 : 각 씨앗의 파종법을 참고하여 각 영역에 씨앗이나 콩을 심는다. (사진 2)

5단계 : 물을 준다. (사진 3)

6단계 : 과학 일지에 어떤 식물이 가장 빨리 자랄지 가설과 이유를 적는다.

7단계 : 몇 주 동안 관찰한다. 싹이 트면 하루에 얼마나 자라는지 언제 잎사귀가 나오는지 기록한다. (사진 4)

8단계 : 결과와 가설이 일치하는지 비교한다.

사진 3. 씨앗에 물을 준다.

실험 속 과학 원리

빨리 자라는 식물은 주위 식물에 비해 영양분이나 공간, 햇빛을 먼저 차지할 수 있어 유리합니다. 예를 들어 대나무는 서로 햇빛을 차지하기 위한 경쟁 때문에 하루에 15~20cm 정도 자랍니다. 식물의 종에 따라 처음에는 빨리 자라다가 나중에는 천천히 자라기도 하고, 계속 빨리 자라기도 하는데 이 차이를 관찰하는 일도 흥미롭습니다.

씨앗은 성장을 위해 물을 흡수하고 영양분과 효소를 이용하여 에너지를 만듭니다. 먼저 껍질을 뚫고 작은 뿌리가 나온 다음 싹이 틉니다. 새싹이 햇빛을 받으면 녹색으로 변하면서 잎을 만들어 냅니다.

똑같은 실험을 어두운 곳에서 하면 어떻게 될까요? 한번 해 보세요!

도전 과제

1. 각 씨앗의 측정 결과를 그래프로 그려 성장 곡선을 만들어 보세요. 싹은 일찍 텄는데 느리게 자랐나요? 아니면 일정한 비율로 자랐나요?

2. 같은 종류의 씨앗에 다른 액체를 부어 서로 비교해 보세요. 대조군은 수돗물로 합니다.

3. 씨앗의 밀도가 성장에 미치는 영향을 알아보기 위해 촘촘히 심은 씨앗과 띄엄띄엄 심은 씨앗을 비교해 보세요.

정원 방명록

재 료

→ 공책

→ 정원

→ 돋보기

→ 카메라(선택 사항)

→ 손전등

안전 유의 사항

– 시간을 달리해서 밤이나 낮에 정원에 나가 보세요.

실험 순서

1단계 : 과학 일지 한 켠에 정원을 찾아오는 곤충이나 동물을 위한 방명록을 마련한다. (사진 1)

2단계 : 꽃이나 야채를 관찰해 어떤 생물이 있는지 살펴본다. 잎사귀 아래에는 무엇이 있는지 흙에는 무엇이 기어 다니는지 식물에는 무엇이 앉아 있는지, 하늘에는 무엇이 날아다니는지 관찰한다. 자세히 보려면 돋보기를 사용한다. (사진 2, 3)

3단계 : 관찰한 곤충이나 동물의 그림을 그리거나 사진을 찍어 방명록에 붙인다. 발견한 시간과 날짜, 어떤 식물에 붙어 있었는지 또는 주위에 있었는지, 발견 당시에 무엇을 하고 있었는지 기록한다. (사진 4)

4단계 : 발견한 동물, 새, 곤충, 절지동물의 이름을 알아본다.

사진 1. 정원 방명록을 시작한다.

5단계 : 같은 정원을 며칠 동안 다른 시간대에 나가서 무엇을 발견했는지 기록한다. 밤에는 손전등을 들고 나가 야행성 곤충이나 동물을 관찰한다.

사진 2. 거미를 찾아본다.

사진 3. 두꺼비를 관찰한다.

사진 4. 발견한 곤충이나 동물을 자세히 그린다.

도전 과제

거미 같은 포식자를 발견했나요? 정원을 방문한 곤충이나 동물, 그리고 자라는 식물을 포함해 먹이 사슬을 그려보세요. 여러분은 어디에 속하나요?

실험 속 과학 원리

정원사들이 잡초와 해충을 없애기 위해 어쩔 수 없이 제초제와 살충제를 쓰지만, 그런 화학 물질은 환경과 다른 동물에 해롭습니다. 약을 쓰지 않고 손으로 잡초를 뽑으면, 정원 생태계에 살고 있는 다양한 생물을 만날 수 있어 재미있습니다. 다양한 종이 살고 있는 건강한 곳에서는 진딧물 같은 해충도 무당벌레나 침벌 같은 포식자에 의해 자연스럽게 개체 수가 조절됩니다.

정원 방명록을 쓰다 보면 잠시나마 다른 세계를 경험할 수 있고 각각의 생명체가 큰 퍼즐 속에서 어디에 맞아 들어가는지 깨닫게 될 것입니다. 정원의 작은 생태계에서도 흙 속의 벌레나 곤충, 새 등 모든 생명체가 각자의 자리와 역할을 가지고 있습니다. 더 나아가 지구라는 커다란 생태계 속에서도 마찬가지입니다.

단원 10
소중한 생태학

생태계란 같은 공간에서 상호작용하는 유기체들, 그리고 그들과 서로 영향을 주고받는 주변의 물리적 환경을 통틀어 일컫는 말입니다. 썩은 통나무는 자체로 작은 생태계를 이루지만, 섬이나 열대 우림, 혹은 지구 같은 커다란 생태계의 일부이기도 합니다.

모든 생명체는 생존을 위해 건강한 생태계가 필요합니다. 지구의 자원은 한정되어 있기 때문에 한 생태계가 다른 여러 생태계에 영향을 줄 수 있습니다. 심지어 지구 전체에 영향을 미치기도 합니다.

근래 들어 인간의 무분별한 행동 때문에 많은 종이 급속도로 사라지고 있습니다. 지구와 환경, 그 안에 살고 있는 생명체를 연구하는 과학자들은 깨지기 쉬운 지구 생태계의 균형을 지키기 위해 우리가 할 수 있는 일이 무엇인지 고민하고 있습니다.

이 단원에 나오는 실험은 여러분을 둘러싸고 있는 생태계를 좀 더 자세히 들여다볼 수 있게 도와줄 것입니다. 뒷마당에 얼마나 다양한 생명체가 살고 있는지 알게 되면 놀랄 것입니다.

절지동물 함정

재 료

→ 모종삽

→ 벌레를 잡을 컵, 양동이, 캔이나 플라스틱 통

→ 준비한 통보다 조금 더 큰 플라스틱 뚜껑(선택 사항)

→ 뚜껑을 높일 돌(선택 사항)

→ 흰색 천

→ 돋보기

안전 유의 사항

- 사람이 지나다니는 곳에는 함정을 설치하지 마세요.

- 햇빛 아래보다 응달에 함정을 설치하면 벌레를 더 많이 잡을 수 있어요.

- 벌레가 물거나 쏘를 수도 있기 때문에 맨손으로 잡지 마세요.

땅에 함정을 만들어 기어 다니는 벌레를 잡아 보세요.

사진 3. 함정에 뭐가 빠져 있는지 확인한다.

실험 순서

1단계 : 함정을 설치할 장소를 고른다. 정원이나 나무 근처가 절지동물을 채집하는 데 좋은 장소이다.

사진 1. 통이 들어갈 만한 구덩이를 판다.

사진 2. 돌로 뚜껑을 고인 다음 덮는다.

2단계 : 모종삽으로 준비한 통보다 조금 더 깊게 구덩이를 판다. (사진 1)

3단계 : 통을 흙구덩이에 넣고 주위를 흙으로 메워 통과 높이를 같게 만든다.

4단계 : 원하면 통 주위에 나뭇잎을 덮어 위장한다.

5단계 : 통 주위에 돌을 깔고 그 위에 뚜껑을 얹는다. 이렇게 해 두면 비가 와도 벌레가 익사할 우려가 적다. (사진 2)

6단계 : 어떤 벌레가 빠졌는지 매일 확인한다. 통을 살살 흔들어 잡은 벌레를 흰 천이나 수건에 떨어뜨린다. (사진 3)

7단계 : 잡은 절지동물을 하나하나 돋보기로 관찰한다. 대략의 크기를 과학 일지에 기록하고 생김새도 그려 놓는다. 잡은 곳에 놓아준다. (사진 4)

8단계 : 잡은 절지동물의 이름을 찾아본다.

사진 4. 잡은 생물을 관찰한다.

도전 과제

함정 하나는 무성한 풀, 잡초, 야생화가 있는 숲에 설치하고 다른 하나는 잘 깎아 놓은 잔디밭에 설치해서 무엇이 잡혔나 비교해 보세요.

실험 속 과학 원리

곤충과 거미류, 그 외의 절지동물은 지구 생태계에서 중요한 역할을 합니다. 꽃가루를 옮겨 주는 꿀벌은 인간에게 이롭지만, 라임병을 옮기는 진드기는 해충입니다. 벌레의 개체 수가 얼마나 늘어나고 줄어드는지 알 수 있으면 이로운 절지동물을 보호하고 해충의 수를 조절하는 데 도움이 됩니다. 절지동물은 더 큰 동물의 먹이가 되기 때문에 그 지역의 벌레 개체 수는 새나 박쥐의 개체 수에 큰 영향을 줍니다.

생태학자들은 땅에서 사는 절지동물의 개체 수를 조사하기 위해 함정을 이용합니다. 지구 온난화 때문에 많은 절지동물이 북쪽으로 이동했기 때문에 이제껏 보지 못했던 새로운 종을 볼 수도 있습니다. 이 실험을 통해 뒷마당에 사는 벌레의 개체 수를 조사할 수 있습니다. 실험이 재미있었다면 여러분이 사는 지역의 생물 개체 수를 조사해서 시민 과학 프로젝트에 기여해 보세요(141페이지 참조).

조류 아쿠아리움

재 료

→ 투명한 병이나 그릇

→ 생수나 하룻밤 두어 염소를 제거
  한 수돗물

→ 샘플 채취용 컵

→ 각 샘플마다 넣을 설탕, 샘플당 1/8
  작은술

→ 현미경(선택 사항)

안전 유의 사항

– 절대 어린아이를 물 근처에 혼자 두
  지 마세요.

물을 종류별로 모아 조류(藻類)가 사는 모습을 관찰해 봅시다.

사진 3. 물 샘플을 더 채취한다.

실험 순서

1단계 : 여러 개의 병에 염소를 제거한 수돗물을 반쯤 붓는다. (사진 1)

사진 1. 염소를 제거한 수돗물을 병에 붓는다.

사진 2. 물 샘플을 채취한다.

2단계 : 조류가 자랄 만한 장소를 생각해 본다. 호수, 개울, 웅덩이, 수영장도 좋다. 물이 아닌 식물도 상관없다. 준비한 병에 샘플 이름을 써서 붙인다.

3단계 : 생각해 둔 장소에서 물이나 식물을 조금씩 가져온다. 준비해 놓은 물통에 붓는다. 조류가 빠르게 자라도록 설탕을 넣는다. (사진 2, 3)

4단계 : 병뚜껑을 느슨하게 덮거나 열고 실내에 몇 주간 두면서 조류가 자라는 모습을 관찰한다. 물이 마르면 생수를 추가한다. 각 병에서 자라는 조류의 성장 모습과 색깔을 기록한다. (사진 4)

5단계 : 현미경이 있으면 조류를 채취해 자세히 관찰한다.

사진 4. 조류가 자라는 모습을 관찰한다.

호수에서 수영을 하려는데 하룻밤 사이에 녹조(綠藻)가 생겼다면 달갑지 않을 것입니다. 바닷가에 사는 사람이라면 독성이 있는 적조(赤潮)를 경험해 보았을 것입니다. 그리고 최근에는 너무 많은 비료가 호수나 냇물로 흘러들어 심한 녹조를 유발하기도 합니다.

반면 좋은 점도 있는데 줄기도 뿌리도 잎도 없는 이 작은 식물로 바이오 연료를 만들 수 있다는 사실입니다.

하지만 이것은 순전히 인간의 관점이고, 먹이 사슬의 관점에서 보면 지구 생태계에서 조류가 차지하는 위치는 매우 중요합니다. 식물이나 조류 같은 먹이 사슬의 생산자들은 태양의 에너지를 이용하여 이산화탄소와 물을 탄수화물과 산소로 바꿉니다. 생산자는 물고기 같은 소비자에게 먹히고, 물고기는 곰 같은 다른 소비자에게 먹혀, 에너지는 유기체에서 유기체로 이동하게 됩니다. 이 생산자가 만든 음식과 산소가 없다면 우린 존재할 수 없습니다.

도전 과제

금속은 조류 같은 미생물의 성장을 방해합니다. 실험에서 얻은 조류에 여러 가지 금속(예: 동전)을 넣어 정말 성장이 느려지는지 확인해 보세요. 대조군을 옆에 두고 매일 변화를 관찰해 과학 일지에 기록하세요.

포획-재포획

쥐며느리 같은 등각류를 잡아 표시를 해서 개체 수를 파악해 보세요.

사진 3. 등각류 등에 흰색 마커나 매니큐어로 표시를 한다.

안전 유의 사항

– 독사가 나오는 지역에서는 돌이나 통나무를 들 때 주의하세요.

– 등각류는 큰 돌, 나무 조각, 작은 통나무, 보도블록 아래에서 쉽게 발견할 수 있어요.

실험 순서

1단계 : 지역을 정해 쥐며느리 같은 등각류 사냥을 떠난다. 돌이나 통나무 아래를 살펴본다. (사진 1)

2단계 : 샘플로 사용할 지역을 줄자로 재고, 막대기나 끈으로 표시한다. 예를 들어 한 변이 2m인 정사각형 영역에 표시를 한다.

3단계 : 표시 지역 안에 있는 돌이나 통나무를 들어 등각류를 잡아, 플라스틱 통에 넣는다. 과학 일지에 잡은 수를 기록한다. (사진 2)

사진 1. 등각류 사냥을 떠난다.

사진 2. 돌을 들어 등각류를 찾는다.

4단계 : 잡은 등각류 등에 수정액이나 매니큐어로 표시한다. (사진 3)

5단계 : 돌과 통나무를 제자리에 놓고 등각류를 잡은 곳에 풀어 준다. 표시 지역에서 벗어난다.

6단계 : 며칠 후, 표시 지역에 다시 가서 등각류를 잡아 개체 수를 기록한다. 그중에 등에 표시가 있는 등각류는 몇 마리인지 세어 본다. (사진 4)

7단계 : 두 번째 방문한 날 재포획한 개체 수를 그 날 잡은 총 개체 수로 나눈다. 그리고 첫날 잡았던 개체 수를 그 결과치로 나눈다. 그러면 샘플 지역의 대략적인 개체 수를 알 수 있다.

사진 4. 며칠 후, 같은 곳에서 등각류를 잡아 표시된 개체 수를 찾아본다.

실험 속 과학 원리

과학자들은 동물의 개체 수를 조사하기 위해 곰을 잡아 목줄을 달고 달팽이에 꼬리표를 답니다. 이 방법을 포획-재포획법이라고 합니다. 국립 공원처럼 넓은 지역에서 동물의 개체 수를 일일이 잡아서 세기 힘들 때 사용하면 좋습니다.

실험에서처럼 일정 지역에서 절지동물을 두 번 잡는데, 첫 번째 잡아 표시한 개체 수를 두 번째 잡힌 개체 중에서 표시된 개체의 비율로 나누면 전체 개체 수를 추정할 수 있습니다.

예를 들어 뒷마당의 1m²에서 절지동물 10마리를 잡아 표시를 하고 놓아 주고, 일주일 후에 다시 10마리를 잡았는데 2마리가 표시된 것이라면 (20%), 첫날 잡은 개체 수 10을 0.2로 나눈 50이 그 지역의 절지동물 개체 수라고 추청할 수 있습니다.

도전 과제

포획-재포획 실험을 국립 공원에서 해 보세요. 개체 수를 알고 싶은 생물을 정한 다음, 포획 표시를 어떻게 할 것인지, 얼마나 있다가 다시 포획할 것인지 또 거기서 얻은 정보를 어떻게 활용할 수 있는지 생각해 보세요.

달빛 산책

재 료

→ 지역 야생동물 안내서와 별자리
  지도

→ 벌레 퇴치제

→ 편안한 신발

→ 온도계 또는 날씨 앱이 깔린 스마
  트폰(선택 사항)

안전 유의 사항

− 여럿이 함께 다니고 날씨에 맞는 옷
  을 입도록 합니다.

− 보름달이 뜨는 날 산책을 하세요.

− 땅거미가 질 즈음에 출발합니다.

− 손전등을 들고 가지만 꼭 필요할 때
  아니면 켜지 마세요. 눈은 어둠에
  곧 적응합니다.

− 잘 아는 지역을 걷고 길에서 벗어나
  지 마세요. 그 지역 생태 가이드와
  동행하면 좋아요.

야간 투시 능력을 발휘해서 한밤의 모험을 떠나요.

사진 4. 보름달이 뜨면 달빛 산책을 떠난다.

실험 순서

1단계 : 초원, 바닷가, 숲 중에서 어디를 가고 싶은가? 여름, 겨울 중 어느 계절에 걸을 것인가? 밤에 보고 들을 수 있는 동물에 대해 미리 조사한다. 하늘에 보이는 별자리가 무엇인지 알기 위해 별자리 지도나 별 자리 앱을 가져간다.

사진 1. 해가 지면 길을 떠난다.

사진 2. 눈이 어둠에 적응할 것이다.

2단계 : 해가 지면 벌레 퇴치제를 뿌리고 편안한 신발을 신고 길을 나선다. (사진 1)

3단계 : 조용히 걸으면서 종종 멈춰 들리는 소리에 귀를 기울인다. 30분 정도 있으면 눈이 어둠에 적응힌다. 어두워질수록 들리는 소리에 변화가 있는가? (사진 2)

4단계 : 여름에는 귀뚜라미 울음 소리를 들어 보자. 14초 동안 들린 횟수에 40을 더하면 화씨 온도가 된다. 섭씨로 계산하려면 25초 동안 들린 횟수를 3으로 나눈 다음 4를 더한다. 가지고 간 온도계나 스마트폰에서 현재 온도를 확인한다. 꽤 비슷할 것이다! (사진 3)

5단계 : 눈을 감고 심호흡한다. 밤공기의 냄새는 다르게 느껴지는가? (사진 4)

6단계 : 하늘의 별을 쳐다본다. 북두칠성과 은하수를 찾을 수 있는가?

7단계 : 개구리 소리를 들어 본다. 얼마나 많은 종류의 울음 소리를 구별할 수 있는가?

사진 3. 눈을 감고 소리에 귀를 기울인다.

도전 과제

자외선 전등을 가지고 가서 자외선에 밝게 빛나는 형광성 버섯과 이끼, 전갈, 노래기 등을 찾아 보세요.

실험 속 과학 원리

밤이 되면 세상은 달라집니다. 심지어 망막 세포조차 야간에 잘 볼 수 있게 화학적 변화를 하고 노래하던 새도 조용해지며 숨어 있던 야행성 동물들이 나와 밤의 합창을 시작합니다. 어두움 속에선 평소에는 둔감하던 청각, 후각, 촉각 등의 감각들이 예민하게 살아납니다.

밤의 음악가, 귀뚜라미는 주위 온도에 따라 체온이 변하는 변온 동물입니다. 몸 안에서 얼마나 빨리 화학 반응이 일어나는지에 따라 얼마나 빨리 소리를 낼 수 있는지 결정됩니다. 오로지 수컷 귀뚜라미만이 소리를 낼 수 있는데, 이 소리로 암컷을 유혹하고 다른 수컷은 쫓아 버립니다. 톱날 모양으로 생긴 날개를 서로 문질러 소리를 내는데 보통 온도가 13도 아래로 떨어지면 멈춥니다.

방형구 샘플링

재 료

→ 말뚝 또는 아이스크림 막대기 4개

→ 줄자

→ 끈이나 실 5m

→ 과학 일지

→ 식물도감 책 또는 앱

안전 유의 사항

– 옻나무가 없는 곳에 샘플 구역을 설치합니다.

– 부러질 수 있기 때문에 여분의 말뚝을 가져가세요.

생태계에 잠복해서 식물을 관찰해 봅시다.

사진 4. 끈으로 1m를 표시한다.

실험 순서

1단계 : 샘플 구역을 정한다. 나무가 많지 않은 곳이 아마추어 생태학자가 활동하기에 편하다.

2단계 : 말뚝이나 아이스크림 막대기를 한곳에 꽂는다.

3단계 : 그곳에서 1m 떨어진 곳에 다른 말뚝을 꽂는다. (사진 1)

4단계 : 두 말뚝 사이를 끈으로 연결한다.

5단계 : 두 말뚝에서 각각 1m 떨어진 곳에 말뚝을 꽂아 정사각형을 만든다. (사진 2)

6단계 : 끈으로 나머지 말뚝을 연결해 한 변이 1m인 정사각형 영역을 표시한다. 이것을 방형구* 라고 한다. (사진 3, 4)

---

* Quadrat, 일정한 크기의 영역을 잡아 식물의 개체 수를 조사하는 방법.

사진 1. 방형구의 크기를 표시한다.

사진 2. 모서리에 말뚝을 꽂는다.

사진 3. 말뚝에 끈을 연결한다.

7단계 : 방형구 안의 나무와 식물 수를 세서 과학 일지에 기록한다.

8단계 : 방형구 안의 나무와 식물의 이름을 알아본다. 몇 가지 종이 발견됐는지 조사하여 기록한다.

9단계 : 말뚝과 끈을 뽑은 다음 아무 방향이나 2~2.5m 걸어간다. 그리고 2단계에서 8단계까지 반복한다.

10단계 : 적어도 2개 이상의 방형구를 만들어 조사하고 결과를 비교한다. 각 방형구에 있는 식물의 수와 종에 일관성이 있는가?

도전 과제

1. 나무나 금속으로 튼튼한 방형구를 만들어 보세요.

2. 실험에서 찾아낸 식물이나 나무가 속한 종의 밀도를 계산해 보세요.

3. 여러분이 샘플로 정한 생태계 전체를 살펴보려면 방형구가 대충 몇 개나 필요한지 가늠해 보세요.

실험 속 과학 원리

방형구 샘플링은 특정 서식지에 얼마나 많은 식물과 동물이 사는지, 각각의 종이 얼마나 되는지 알아보기 위해 과학자들이 사용하는 방법입니다. 보통은 나무나 금속으로 된 단단한 격자를 사용하지만 나무가 많은 숲에서는 실험에서처럼 말뚝과 끈으로 하는 것이 좋습니다.

생태계 표본 실험은 여러분이 무엇을 알고 싶어 하는지에 따라 그 설계가 달라집니다. 예를 들어 여러분이 레드우드** 개체 수에 대한 연구를 하고 싶다면 이끼의 분포를 연구하는 사람보다 훨씬 더 큰 방형구가 필요합니다.

** 미국 캘리포니아에 자생하는 나무로 키가 100m 이상 자란다.

단원 11
지구 과학

동굴은 물과 용암 때문에 땅속에 생긴 큰 통로나 공간입니다. 사람의 손을 타지 않은 동굴 안에는 천정에서 떨어지는 물과 화산 활동으로 미네랄이 침전돼 종유석, 석순, 수정 등이 생겨납니다.

멕시코에 있는 기이한 수정 동굴은 마치 거대한 지오드처럼 생겼습니다. 마그마 근처 깊은 땅속에 있는 이 동굴에는 길이가 11m가 넘는 수정도 있습니다.

진동굴성, 호동굴성, 왜래성 동굴 동물은 모두 동굴에서 많은 시간을 보냅니다. 장님 물고기 같은 진동굴성 동물은 일생을 동굴에서 보내지만, 호동굴성 동물은 땅속 주거지를 벗어나 밖으로 나오기도 합니다. 박쥐같은 외래성 동굴 동물은 동굴에서도 시간을 보내지만 밖에서도 생활합니다. 햇빛도 안 들고, 에너지도 부족하고, 자원도 제한되어 있기 때문에 동굴 속 생태계는 특이합니다.

이 단원에서는 동굴에서 결정이 형성되는 과정을 베이킹소다로 재현해 보고, 과냉각된 물로 얼음을 만드는 실험도 해 보겠습니다.

과냉각 실험

재 료

→ 수돗물

→ 얼음을 채운 양동이 또는 아이스 박스

→ 암염, 꽃소금 또는 맛소금

→ 정수기물 또는 증류수 250~500ml 들이 병 여러 개

→ 그릇이나 접시

안전 유의 사항

– 쉽게 열 수 있도록 병뚜껑을 너무 꽉 조이지 마세요.

– 실험에 쓸 물은 냉동고에 차갑게 보관하세요.

– 병에 든 물이 얼었다면 완전히 해동한 후 다시 차갑게 만들어 주세요.

– 이 실험은 몇 번 다시 해야 할 수도 있어요. 실패했다고 너무 실망하지 마세요.

사진 4. 과냉각된 물을 얼음 위에 붓는다.

과냉각 실험으로 물이 어는 한계를 넘겨 보세요.

실험 순서

1단계 : 얼음이 양동이나 아이스박스의 윗부분까지 올라오도록 물을 채운다.

2단계 : 얼음물 15L당 소금을 68g의 비율로 섞는다. 만일 아이스박스의 용량을 모른다면 얼음물을 채우면서 양을 계산한다. 240mL 한 컵을 16번 부으면 3.8L 정도가 된다. (사진 1)

3단계 : 빈 병 한두 개를 준비해서 수돗물을 채우고 '수돗물'이라고 쓴다. 뚜껑을 닫는다.

4단계 : 준비한 물병 여러 개를 얼음물에 넣는다. 적어도 뚜껑 바로 아래까지 잠겨야 한다. 한 병 이상의 수돗물, 한 병 이상의 정수기물이나 증류수가 포함되어야 한다. (사진 2)

5단계 : 물병 중 하나가 얼 때까지 수시로 확인한다. 몇 시간이 걸릴 수 있다. (사진 3)

6단계 : 그릇이나 접시에 얼음 몇 개를 올린다.

7단계 : 아이스박스에서 물병을 조심스레 꺼내 뚜껑을 천천히 연다. 만약 물병이 얼었다면 다른 물병을 선택한다.

사진 1. 아이스박스에 얼음과 소금을 넣는다.

사진 2. 얼음물에 물병을 넣고 차갑게 만든다.

8단계 : 물병의 뚜껑을 열었을 때 여전히 얼지 않은 상태라면 천천히 얼음 위에 물을 붓는다. 물이 과냉각된 상태라면 순식간에 얼면서 슬러시 기둥이 생긴다. (사진 4)

9단계 : 실패했다면 물병을 얼음물 양동이에 넣고 좀 더 두었다가 다시 시도한다!

10단계 : 141쪽의 실험 동영상을 참고한다.

사진 3. 물이 얼려고 하는지 자주 확인하다.

도전 과제

다른 액체로도 실험을 해 보세요. 탄산음료로도 실험이 가능한가요?

실험 속 과학 원리

물은 보통 0도 이하에서 얼지만, 얼음 결정을 만드는 데 필요한 핵이 없다면 0도 아래에서도 액체 상태일 수 있습니다. 실험에서는 얼음 결정의 핵이 되는 이물질이 많은 수돗물이 가장 빨리 업니다. 결정은 용기 내부의 결함에 붙어서 생기기도 합니다. 이런 과정으로 내부에 결정이 생기거나 외부에서 결정과 과냉각된 물이 만나게 되면 물 분자가 결정 씨앗에 달라 붙으면서 순식간에 얼게 됩니다.

과냉각된 물은 움직이거나 물리적인 충격에도 결정이 될 수 있습니다. 일단 한곳에 결정이 생기기 시작하면 나머지 과냉각된 물 분자들이 한꺼번에 달라 붙으면서 얼음이 됩니다.

인공 종유석

재료

→ 병 2개가 들어갈 만한 크기의 사각형 플라스틱 통과 뚜껑

→ 알루미늄 포일

→ 병 2개

→ 뜨거운 수돗물

→ 베이킹소다

→ 식용 색소

→ 흰색 키친타월 또는 냅킨

→ 숟가락이나 스쿱

안전 유의 사항

– 종유석과 석순이 자라려면 몇 주가 걸릴 수 있어요. 인내심이 필요해요.

– 습도가 너무 높으면 실험이 잘 안 될 수 있어요.

– 비가 오면 플라스틱 통 뚜껑을 덮어 습기를 차단해 주세요.

베이킹소다 종유석과 석순을 키워 보세요.

사진 5. 결정은 병 입구에서 잘 자란다.

실험 순서

1단계 : 플라스틱 통 안을 알루미늄 포일로 싸서 동굴을 만든 다음, 옆으로 세운다.

2단계 : 병 2개에 뜨거운 수돗물을 채운다.

3단계 : 베이킹소다가 더 이상 녹지 않고 바닥에 쌓일 때까지 넣으면서 녹인다.

4단계 : 각각의 병에 식용 색소를 몇 방울 넣고 섞은 다음 동굴에 넣는다. (사진 1, 2)

5단계 : 키친타월을 너비 1.5cm로 길게 잘라 종이끈 2개를 만든다. 가운데를 접는다.

6단계 : 종이 끈을 두 병 가장자리에 걸고 가운데가 아래로 처지게 다리 2개를 만든다. 다리 양 끝이 용액에 잠기도록 한다.

7단계 : 몇 분 뒤 용액이 종이 끈에 흡수되어 가운데로 이동하는지 확인한다. 종이 끈의 가운데에 물방울이 맺힐 것이다. (사진 3)

8단계 : 동굴을 그늘진 곳으로 옮겨서 베이킹소다 용액이 계속 맺혀 떨어질 수 있도록 한다. 하루나 이틀 간격으로 확인한다. 혹시 종이 끈이 말랐다면 숟가락으로 각각의 용액을 종이에 부어서 다시 용액이 떨어지게 한다.

9단계 : 며칠 후 동굴에서 아래로 자라는 종유석과 위로 자라는 석순을 볼 수 있다. (사진 4, 5)

사진 1. 베이킹소다 용액에 식용 색소를 넣는다.

사진 2. 병을 동굴에 넣는다.

사진 3. 용액이 병 사이의 종이 다리에서 떨어진다.

사진 4. 석순과 종유석이 생기는 것을 볼 수 있다.

실험 속 과학 원리

동굴에서 볼 수 있는 고드름 모양의 **종유석**은 오랜 세월 동안 미네랄을 머금은 물이 천장에서 떨어지면서 만들어진 것입니다. 한편 종유석을 타고 바닥으로 떨어진 미네랄이 쌓이고 쌓여 **석순**이 됩니다. 이런 동굴의 신비는 수천 년의 세월이 만들어 낸 것입니다. 하지만 실험을 통해서 며칠이나 몇 주 만에 재현할 수 있습니다.

표면 장력과 모세관 현상이 베이킹소다 용액을 종이로 밀어 올립니다. 용액은 병 입구를 넘어 다리의 가장 낮은 부분에 모이게 되고, 물이 증발하면서 녹아 있던 베이킹소다는 결정이 됩니다. 이렇게 시간이 지나면 실제 동굴처럼 결정이 위아래에서 자라게 됩니다.

도전 과제

엡솜염(황산 마그네슘)이나 명반을 넣은 다른 용액으로도 동굴 결정을 만들어 보세요.

흙 정수기

재 료

→ 2L들이 빈 페트병 2개 이상

→ 유리병

→ 병 입구보다 약간 큰 돌

→ 모래

→ 겉흙

→ 계량컵

→ 수돗물

→ 과학 일지

→ 빨간색과 파란색 식용 색소를 섞
  어 만든 보라색 물 한 주전자

→ 풀 또는 물이끼

→ 자갈

안전 유의 사항

－ 첫 번째 여과 후에 물이 뿌옇거나
  더럽다고 실망하지 마세요. 실험에
  사용하는 모래와 흙에 따라 정수 효
  과를 보려면 여러 번 여과해야 할
  수도 있어요.

－ 흙 정수기에서 나온 물을 마시지 마
  세요.

식용 색소로 '오염'된 물을 천연 흙 정수기로 깨끗하게 만들어 보세요.

사진 4. 색소 탄 물을 정수기에 붓는다.

실험 순서

1단계 : 페트병의 바닥을 자른다.

2단계 : 페트병의 입구가 아래로 가도록 유리병에 꽂는다.

사진 1. 각각의 병에 돌을 넣는다.

사진 2. 페트병 하나에 모래를 넣는다.

3단계 : 각각의 페트병 속에 돌을 깐다. (사진 1)

4단계 : 첫 번째 페트병에 돌이 덮일 정도로 모래를 넣는다. (사진 2)

5단계 : 두 번째 페트병에는 돌이 덮일 정도로 겉흙을 넣는다.

6단계 : 어느 쪽이 더 잘 걸러질지 추측해 보고, 깨끗한 수돗물 1컵(235ml)을 각 페트병에 부어 가설을 실험해 본다. 걸러져 나온 물의 상태를 관찰하고 과학 일지에 기록한다. (사진 3)

7단계 : 유리병에 내려온 물을 버린다.

8단계 : 보라색 물(식용 색소가 오염원 역할) 1컵(235ml)을 각각의 페트병에 붓고 여과된 액체를 관찰해 과학 일지에 기록한다.

9단계 : 풀, 물이끼, 자갈을 차례로 쌓을 때마다 여과 실험을 해서 어떤 것이 정수에 도움이 되는지 관찰한다.

10단계 : 같은 양의 보라색 물을 각자 만든 정수기에 부어 여과된 물의 색깔과 투명도를 관찰한다. (사진 4)

사진 3. 어느 정수기의 성능이 가장 좋을까?

도전 과제

흙 정수기에 치아 씨앗이나 풀을 심은 겉흙을 얹어 식물의 뿌리가 여과에 어떻게 기여하는지 실험해 보세요. 뿌리가 계속 자라면 여과 성능이 어떻게 달라지는지 매주 실험해서 알아보세요.

실험 속 과학 원리

건강한 흙은 훌륭한 정수기 역할을 합니다. 흙은 돌, 모래, 고운 모래, 찰흙, 썩은 식물 같은 유기물로 이루어져 있습니다. 또한 흙 속에는 박테리아, 곰팡이, 절지동물, 벌레 등의 생명으로 가득 차 있습니다.

흙의 몇몇 구성분은 물과 함께 땅으로 스며드는 오염 물질을 끌어당겨 잘 붙잡고 있습니다. 고운 모래나 찰흙 같이 작은 입자는 물리적으로도 훌륭한 필터입니다. 큰 입자는 이 그물에 잡혀 멀리 가지 못합니다. 흙 속의 미생물은 오염 물질을 분해해서 무해한 화합물로 바꿉니다. 어떤 박테리아는 석유를 분해하기도 합니다.

실험에서는 식용 색소로 '오염된' 물을 흙 정수기에 흘려 보냅니다. 어쩌면 여러분은 모래가 겉흙보다 좋은 필터라고 생각할 수 있습니다만 실험을 하고 나면 생각이 바뀔 겁니다. 물론 겉흙이 모든 것을 걸러 내지는 못합니다. 그래서 잔디나 곡물에 농약을 칠 때 신중해야 합니다. 그중의 어느 정도는 지하수로 스며들기 때문입니다.

단원 12
얼음 마법사

운이 좋으면 눈송이를 관찰하다가 박테리아 DNA를 발견할 수도 있습니다.

온도가 내려가면 물 분자의 움직임이 느려지고 서로 가까이 모이게 됩니다. 물 분자들이 일정하게 배열되면 얼음 결정이 되는데 이를 위해서는 핵이라는 물리적인 도움이 필요합니다. 대기권 상층부에 있는 차가운 물 분자는 먼지, 그을음, 공기 중에 떠 있는 박테리아 같은 핵을 만나 얼음 결정이 됩니다. 다른 물 분자들이 이 작은 결정에 붙어 커지면 눈송이가 됩니다. 지구로 떨어지는 눈송이의 모양과 형태는 대기의 상태와 온도에 따라 달라집니다.

과학자들은 바람에 날려 대기권 높이 날아간 미생물들이 극한의 조건에서도 살아남아 멀리 여행한다는 사실을 알아냈습니다. 이런 미생물들은 핵이 되기 좋은 단백질을 분출하기 때문에 얼음 결정이 되어 다시 땅으로 돌아오게 됩니다. 얼음 결정이 비가 되느냐 눈이 되느냐는 땅에 가까운 대기의 온도에 좌우됩니다. 많은 과학자들은 공기 중 미생물이 구름의 형성과 날씨에 영향을 준다고 믿습니다.

이 단원에서는 여름이나 겨울에 할 수 있는 실험을 소개합니다. 눈을 녹이고, 차가운 화학 실험을 해 보고, 눈덩이에서 화산 폭발을 일으키고, 메이플 시럽 사탕도 만들고, 아이스크림도 만들어 볼 것입니다.

아이스크림 던지기 놀이

재 료

→ 우유 2컵(475ml)

→ 생크림 2컵(475ml)

→ 설탕 1/2컵(100g)

→ 바닐라 농축액 2큰술(30ml)

→ 냉동용 지퍼백 0.5나 1L짜리

→ 냉동용 지퍼백 4L짜리

→ 얼음 한 봉지

→ 맛소금(576g)이나 꽃소금(480g) 2컵

→ 행주

놀이를 통해 열전도 현상을 배우고 맛있는 디저트도 만들어 봅시다.

사진 5. 즐겁게 아이스크림을 던지고 논다.

안전 유의 사항

– 아이스크림이 얼지 않았다면 바깥 지퍼백에 얼음과 소금을 더 넣고 5~10분간 던지기 놀이를 한다.

실험 순서

1단계 : 그릇에 우유, 생크림, 설탕, 바닐라 농축액을 넣고 잘 섞는다. (사진 1)

2단계 : 아이스크림 반죽 1컵(235ml)을 작은 지퍼백에 넣고 공기를 뺀 다음 잠근다. 이것을 다시 작은 지퍼팩에 넣고 공기를 빼고 잠근다. 두 번 밀봉한 아이스크림 반죽 지퍼백을 4L짜리 지퍼백에 넣고 얼음을 채운다.

3단계 : 소금 1/2컵(150g)을 얼음 위에 뿌리고 지퍼백을 잠근다. (사진 2)

4단계 : 얼음 지퍼백을 행주로 감싸서 다시 4L짜리 지퍼백에 넣고 잠근다. (사진 3)

5단계 : 아이스크림 지퍼백 던지기 놀이를 10~15분 동안 한다. (사진 4, 5)

사진 1. 아이스크림 반죽 1컵(235ml)을 지퍼백에 넣는다.

사진 2. 아이스크림 지퍼백을 큰 지퍼백에 넣고 얼음과 소금을 넣는다.

사진 3. 얼음 지퍼백을 행주로 감싸 다른 지퍼백에 넣는다.

사진 4. 아이스크림 지퍼백을 던지고 논다.

사진 6. 큰 지퍼백에서 아이스크림 지퍼백을 꺼낸다.

사진 7. 실험 결과를 맛있게 먹는다.

6단계 : 지퍼백에서 아이스크림을 꺼내 맛있게 먹는다. (사진 6, 7)

7단계 : 남아 있는 아이스크림 반죽으로 2단계에서 6단계를 반복한다. 다음에 사용할 거면 냉장고에 보관한다.

도전 과제

얼음에 넣는 소금의 양을 줄여서 더 천천히 아이스크림을 만들어 보세요. 아이스크림 질감이 어떻게 다른가요?

실험 속 과학 원리

아이스크림을 만들면서 열의 전도와 결정화에 대해 배울 수 있습니다. 얼음은 물의 고체 형태입니다. 얼음에 소금을 넣으면 물의 어는점이 낮아지면서 얼음을 녹여 0도 아래서도 액체 상태가 됩니다.

실험에서 소금을 넣어 물을 녹이면 정말정말 차가운 얼음-소금-물 용액이 생깁니다. 열은 따뜻한 곳에서 차가운 곳으로 이동하기 때문에 열이 아이스크림 반죽에서 나와 얼음물로 이동합니다. 열을 빼앗긴 아이스크림 반죽 속의 물은 얼음 결정으로 바뀝니다.

아이스크림이 얼마나 빨리 얼고 어떤 재료가 들어가는가에 따라 얼음 결정의 크기가 달라집니다. 아이스크림이 빨리 얼면 얼음이 오도독 씹히는 아이스크림이 되고, 반죽을 저으면서 얼리거나 젤라틴을 넣으면 결정이 작아져 부드러운 아이스크림이 됩니다.

군침 도는 메이플 사탕

재 료

→ 깨끗한 눈

→ 평평한 접시 또는 팬(선택 사항)

→ 순수 메이플 시럽 1컵(235ml)

→ 편수 냄비

→ 당과용 온도계

→ 내열성 계량컵

→ 포크

→ 막대기 또는 꼬치(선택 사항)

눈밭에서 빠르게 열을 증발시켜 맛있는 메이플 사탕을 만들어 봅시다.

사진 4. 메이플 사탕을 포크로 들어낸다.

안전 유의 사항

– 뜨거운 메이플 시럽에 손을 델 수 있어요. 이 실험은 어른이 꼭 지켜 보세요.

– 먹기 전에 사탕이 완전히 식었는지 확인합니다.

– 순수 메이플 시럽으로 해야 실험이 잘 돼요.

실험 순서

1단계 : 밖으로 나가 깨끗한 눈이 15~20cm 정도 쌓인 곳을 찾는다. 아니면 넓적한 사각 용기에 깨끗한 눈을 8~10cm 높이로 담아 온다.

2단계 : 편수 냄비에 메이플 시럽을 넣고 계속 저으면서 당과용 온도계로 113~116도가 될 때까지 끓인다. 끓기 시작하고 약 6분 정도 걸린다. (사진 1)

3단계 : 메이플 시럽을 불에서 내려 주둥이가 있는 파이렉스 유리 계량컵 같은 내열성 그릇에 옮겨 담는다.

4단계 : 눈 위에 꼬불꼬불 부어서 그대로 얼린다. 바로 눈밭에 부어도 되고 사각 용기에 담은 눈에 부어도 된다. (사진 2, 3)

5단계 : 모양대로 굳으면 포크로 들어낸다. (사진 4, 5)

6단계 : 바로 먹어도 되고 아니면 다시 데워서 막대기나 꼬치에 감아 먹어도 된다.

사진 1. 편수 냄비에 시럽을 넣고 끓인다.

사진 2. 원하는 모양대로 시럽을 눈 위에 붓는다.

사진 3. 사각 용기에 담은 눈 위에 부어도 된다.

사진 5. 식은 캔디는 모양은 유지하고 있는가?

도전 과제

1. 끓인 시럽을 각각 다른 온도일 때 눈에 부어 결과를 비교해 보세요. 질감, 색깔, 농도가 어떻게 다른가요?

2. 당밀*이나 옥수수 시럽 같은 다른 시럽으로 같은 실험을 할 수 있을까요?

3. 메이플 설탕을 만들어 보세요(실험 속 과학 원리 참조).

---

* 사탕수수나 사탕무를 설탕으로 가공할 때 부수적으로 나오는 찐득한 시럽을 말한다.

실험 속 과학 원리

메이플 시럽은 나무의 수액을 끓여 대부분의 수분을 증발시켜 만듭니다. 수분이 증발되고 남은 시럽의 성분은 대부분 **자당(수크로스)**인데 약간의 포도당(글루코스)과 과당(프럭토스)도 있습니다.

나무 수액 속에 들어 있는 다른 유기 화합물 때문에 지역에 따라 특유의 향을 갖게 됩니다. 아직 추운 이른 봄에 채취한 수액은 색깔이 밝고 더 부드러운 향이 납니다. 날씨가 따뜻해지면 미생물이 시럽 안의 당을 발효시켜 색이 진해지고 맛도 강해집니다.

실험에서는 메이플 시럽을 끓여 수분을 더 증발시킵니다. 이 시럽이 식게 되면 품을 수 있는 당 분자보다 더 많은 양의 당이 포함된 과포화용액이 됩니다.

과포화된 용액을 눈에 부으면, 빠르게 식으면서 설탕 결정이 되는데, 그 결과 메이플 사탕이 부드럽고 물렁한 상태가 됩니다. 온도를 더 높여 물을 더 증발시키면 시럽이 식으면서 더 많은 결정이 생기고 단단한 사탕이 됩니다. 만약 메이플 시럽에 들어 있는 물을 모두 증발시킨다면 순수 메이플 설탕 결정만 남게 됩니다.

눈 녹이기 실험

재 료

→ 양동이나 큰 플라스틱 통 1~2개

→ 눈

→ 긴 자

→ 과학 일지

→ 투명한 유리컵이나 병

안전 유의 사항

- 어린아이를 물 근처에 혼자 두지 마세요.

- 녹은 눈을 마시지 마세요.

눈을 한 양동이 가득 퍼 와서 그 안에 무엇이 들어 있나 확인해 보세요.

사진 2. 눈 깊이를 재어 본다.

실험 순서

1단계 : 양동이나 플라스틱 통에 눈을 채운다. 눈을 누르지 말고 위를 평평하게 깎는다. (사진 1)

2단계 : 두 번째 양동이에 눈을 채운다(선택 사항). 눈을 꾹꾹 눌러 담고 위를 깎는다.

3단계 : 양동이에 자를 꽂아 눈의 깊이를 잰 다음 과학 일지에 적는다. (사진 2)

사진 1. 양동이에 눈을 모은다.

4단계 : 양동이를 실내로 가지고 들어가 눈이 녹을 때까지 기다린다.

5단계 : 눈이 모두 녹아 물이 되면 자로 깊이를 재서 과학 일지에 기록하고 눈의 높이와 비교해 본다. (사진 3)

6단계 : 물을 유리컵에 붓고 투명도를 확인한다. 관찰 내용을 기록하거나 사진으로 찍어 과학 일지에 붙인다. (사진 4)

사진 3. 녹은 눈의 깊이를 잰다.

사진 4. 녹은 눈에서 모은 물의 투명도를 살펴본다.

도전 과제

1. 미생물을 키울 배지(141쪽 참조)를 만들어, 눈이 녹은 물에 있는 미생물을 배양해 보세요.

2. 다음번 눈이 올 때 눈을 녹여 물 안에 들어 있는 내용물을 비교해 보세요.

실험 속 과학 원리

눈 결정이란 구름 속의 차가운 수증기가 미생물이나 먼지 같은 핵에 엉겨 붙어 만들어진 결정입니다. 눈송이는 눈 결정이 여러 개 뭉쳐진 것입니다. 때로는 덩어리가 커져 솜털 같은 함박눈이 되기도 합니다.

온도와 습도는 눈송이 모양에 영향을 줍니다. 어떤 것은 깃털 같은 가지 모양이고 어떤 것은 작은 접시처럼 생겼지만 모두 육각형 모양을 가지고 있습니다. 이는 물 분자의 물리적 특성 때문입니다.

눈 결정의 모양, 날씨, 눈이 떨어지는 표면에 따라 쌓인 눈 속에 포함된 공기의 양이 달라집니다. 눈 속에 들어 있는 공기의 양에 따라 부피와 차지하는 공간이 결정됩니다.

눈이 녹으면 갇혀 있던 공기가 빠져나갑니다. 그래서 녹은 물의 부피가 눈의 부피보다 작습니다.

설국 화산

재료

→ 식초 1컵(235ml)

→ 500ml들이 빈 페트병

→ 식용 색소

→ 종이 깔때기 또는 종이컵

→ 베이킹소다 1/4컵(55g)

→ 눈

안전 유의 사항

− 식초는 약산성이라 눈에 들어가면 따가워요.

뒷마당에 '용암'이 분출하는 얼음 화산을 만들어 보세요.

사진 4. 설국 화산 완성!

실험 순서

1단계 : 식초를 페트병에 넣는다.

2단계 : 식초에 식용 색소를 몇 방울 넣는다. (사진 1)

3단계 : 종이 깔때기나 종이컵 주둥이를 접어 준비한다.

사진 1. 페트병에 식초와 식용 색소를 넣는다.

사진 2. 화산에 재빨리 베이킹소다를 붓는다.

4단계 : 깔때기를 사용하면 컵에 베이킹소다를 계량해 두고, 주둥이를 접은 종이컵을 사용하면 컵 안에 계량한 베이킹소다를 넣는다.

5단계 : 밖으로 나가 식초가 든 병을 땅에 세우고 주위에 눈을 쌓아 화산을 만든다.

6단계 : 베이킹소다를 깔때기나 주둥이를 접은 종이컵으로 재빨리 붓고 뒤로 물러난다! (사진 2, 3, 4)

사진 3. 깔때기를 재빨리 치운다.

도전 과제

1. 같은 실험을 따뜻한 식초로 해 보세요.

2. 커다란 페트병으로 실험을 해 보세요. 식초와 베이킹소다를 얼마나 더 넣어야 커다란 폭발을 만들 수 있을까요?

실험 속 과학 원리

화학 반응은 베이킹소다와 식초같이 두 물질을 섞을 때 발생하고, 그 결과 새로운 물질이 생겨납니다. 베이킹소다의 화학 명칭은 중탄산나트륨이고 과학자들은 식초를 아세트산이라고 부릅니다.

이 반응에서 나오는 것 중의 하나가 이산화탄소입니다. 베이킹소다를 부으면 병 안의 압력이 빠르게 증가하고 이산화탄소가 빠져나가는 유일한 출구는 병 입구뿐입니다. 병 속의 거품은 중력을 이겨내는 큰 힘으로 밖으로 빠져나가 공기 중에 분출됩니다.

아이슬란드에는 눈이나 얼음 심지어 빙하아래에도 활화신이 많이 있습니다. 화산이 폭발하면 용암이 흐르기 전에 화산재가 눈을 뒤덮습니다. 뜨거운 용암이 흘러 눈과 얼음을 만나면 어마한 양의 수증기가 공기 중으로 분출됩니다. 몇몇 과학자들은 마른 땅에서보다 얼음 위에서 용암이 더 빨리 흐른다고 믿습니다.

차가운 공기 풍선

차가운 화학 반응과 뜨거운 화학 반응 중 어느 쪽이 더 빨리 풍선을 부는지 시합해 보세요.

재 료

→ 같은 크기의 빈 페트병 2개

→ 식초 2/3컵(160ml)

→ 같은 크기의 풍선 2개

→ 숟가락이나 종이 깔때기

→ 베이킹소다 6작은술(28g)

→ 주둥이가 있는 계량컵(선택 사항)

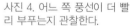
사진 4. 어느 쪽 풍선이 더 빨리 부푸는지 관찰한다.

안전 유의 사항

– 실험을 동시에 시작하려면 2명이 필요해요.

– 식초는 약산성이라 눈에 들어가면 따가워요. 전자레인지에 돌릴 때 조심하세요.

– 어린아이가 베이킹소다를 부을 때는 어른이 도와주세요.

실험 순서

1단계 : 플라스틱 병에 각각 '따뜻함', '차가움'이라고 쓴다.

2단계 : '차가움'이라고 쓴 병에 식초를 정확하게 1/3컵(80ml) 붓는다. 병을 바깥의 눈에 두거나 냉장고에 30분 정도 넣어 차갑게 식힌다.

3단계 : '차가움' 병을 30분 동안 차갑게 둔 다음, 식초 1/3컵(80ml)을 전자레인지에 넣고 따뜻할 때까지 약 30초 동안 돌린다. 꺼내서 '따뜻함'이라고 쓴 병에 붓는다.

4단계 : 풍선을 죽죽 당겨 약간 늘려 놓는다. 숟가락이나 종이 깔때기로 각각의 풍선에 베이킹소다를 3작은술(14g)씩 넣는다. 풍선을 흔들어 베이킹소다가 풍선 바닥에 모이게 한다. (사진 1)

5단계 : 페트병과 풍선을 밖으로 들고 나간다. 풍선 입구를 늘려 베이킹소다가 병에 쏟아지지 않도록 조심스레 병에 씌운다. (사진 2)

사진 1. 풍선에 베이킹소다를 넣는다.

사진 2. 베이킹소다를 넣은 풍선을 페트병 입구에 씌운다.

6단계 : 한 사람씩 병을 잡고 동시에 풍선을 들어 베이킹소다를 병에 털어 넣는다. 이산화탄소가 풍선을 부풀리는 동안 풍선이 연결된 병 입구를 잡고 있는다. (사진 3)

7단계 : 어느 쪽 풍선이 더 빨리 부푸는지 관찰한다. (사진 4)

사진 3. 동시에 풍선을 들어 페트병에 베이킹소다를 털어 넣는다.

실험 속 과학 원리

다른 종류의 분자를 섞어서 새로운 물질을 만드는 것을 **화학 반응**이라고 합니다. 중탄산나트륨(베이킹소다)과 묽은 아세트산(식초)을, 섞으면 이산화탄소가 나옵니다. 실험에서 이산화탄소가 병 안에 갇히면서 불어나는 압력이 풍선을 부풀립니다.

물질에 열을 가하면 분자들이 빨리 움직이면서 점점 더 많이 부딪히고 더 큰 에너지를 가지게 됩니다. 화학 반응이 일어나려면 분자들이 충분히 빠른 속도로 서로 부딪혀 충분한 에너지를 가져야 하는데 이것을 **활성화 에너지**라고 합니다.

따뜻한 식초를 베이킹소다에 부으면 화학 반응이 빨리 일어나, 차가운 식초에 베이킹소다를 부을 때보다 풍선이 더 빨리 부풀게 됩니다.

도전 과제

1. 실험에 사용하는 두 병의 크기와 들어가는 재료의 양이 같아야 하는 이유를 친구에게 설명해 보세요.

2. 얼린 식초로도 실험해 보세요. 화학 반응 속도에 영향을 미칠 다른 요소는 무엇이 있을까요?

3. 같은 실험을 여러 번 반복해서, 화학 반응이 시작된 후 5초, 10초, 15초, 30초 후에 풍선을 떼어 내 입구를 묶어 두세요. 각 풍선의 무게와 크기를 재서 반응 시간에 따른 이산화탄소 양을 비교해 보세요.

헤이즐	케이트	루시	캠	사라	릴리	그레이	셀라	테스
스칼렛	엘라	에바	노라	에이제이	캐서린	릴리	릴리	야라
미나	애리아나	다리아	마야	아이작	녹스	브리스토	에밀리	켄달
스테판	미카일라	왓트	오웬	엘레나	그레이스	찰리	그레이스	매리루스
프랜시스	클레어	조지	잭	코너	제임스	애밀리	에이프릴	윌
샘	닉	클로이	라이언	톰	헤마	라라	케이트	나탈리
엘라	카를로	엔조	쎄스	크리스토퍼	샘	키라	사라	카리사
몰리	소피아	제니바	찰리	존	조지아	엘레나	메이	헤일리

참고 자료

우주와 지구 과학에 대한 모든 것
https://www.nasa.gov

완보동물 동영상
https://www.youtube.com/watch?v=H5nnrWuyHAU

파동 동영상
https://www.youtube.com/watch?v=z-_4k5y7Vjg

시민과학 프로젝트 / 지구사랑 탐사대
https://scistarter.com
http://kids.dongascience.com/earth/post

기상청 기후정보 포털
http://www.climate.go.kr

대형무척추동물 식별표
https://stroudcenter.org/macros/key

어린이 화학 실험
http://basf.kids-interactive.de/?l=ko

이끼 식별법 / 지의류 도감
https://www.youtube.com/watch?v=Z9AdP1PolmE
http://www.forest.go.kr/kna/publish/106/Flora_of_Macrolichens_in_korea.html

국립수목원 연구간행물 ('식별'로 검색)
http://www.forest.go.kr/newkfsweb/kfi/kfs/kna/application/publication/list.do?mainCd=210103&mn=KFS_15_05_10&orgId=kna

로켓 사이언스
https://www.nasa.gov/kidsclub/index.html

태양 과학 / 오로라
https://solarscience.msfc.nasa.gov
http://www.northernlightscentre.ca

과냉각 실험 동영상
https://www.youtube.com/watch?v=XWR5d7C0hZs

미생물 배지 만들기
https://www.youtube.com/watch?v=V6ddcTGdAJw

국립환경과학원 한국의 양서류와 파충류
https://www.youtube.com/playlist?list=PL3A1B8FD6456A2F9D

국립환경과학원 한국의 곤충들
https://www.youtube.com/playlist?list=PLcBDmuMs2UGdr39C2vZhXH6um_yOsbmKd
https://www.youtube.com/playlist?list=PLcBDmuMs2UGdr39C2vZhXH6um_yOsbmKd

눈 결정에 대한 모든 것
http://www.snowcrystals.com

* https://cookpq.blogspot.com/2018/03/outdoor-science-ref.html에
  이 링크들과 추가된 보충 자료 링크가 있습니다.

고마운 분들

가족과 친구들이 없었다면 이 책은 나오지 못했을 것입니다. 특별히 감사를 전하고 싶은 분들을 아래에 적습니다.

제 아버지 론 리는 뛰어난 물리학자로 이 책에 실린 여러 가지 실험을 제안해 주셨고 물리학에 대한 정확한 지식도 알려 주셨습니다.

제 아이들 사라, 메이, 찰리 그리고 남편 켄은 수많은 사진을 같이 찍었고, 엉망이 된 과학 박람회처럼 어질러진 집에서 여름 내내 같이 지냈습니다.

학생들이 가장 좋아하는 생물학 실험을 제안해 준 홀리 리펠트와 랄리 가르시아 데로시어, 립밤 실험의 과학적 원리를 정확히 알려준 레이첼 버크 박사님. 선생님들이 보고 싶어 하는 책이 어떤 것인지 알려준 나의 교육 조언자 그레그 하이니키.

벌레 채집을 도와준 리차드슨 자연 과학 센터(미네소타 블루밍턴)의 박물학자 하이디, 환상적인 보름달 산책을 안내해 준 파울린. 이 모든 것을 조율해 준 마이클.

매해 여름 자기 집 현관에 나비 장식을 꾸며 역경을 이겨내는 나비의 삶을 좀 더 이해할 수 있도록 도와준 제 이웃이자 나비 전문가 매리언 맥너런.

멋진 사진을 찍을 수 있다면 진흙, 벌레, 험한 곳도 마다하지 않는 열정이 넘치는 사진작가 엠버 프로카치니.

과학에 빠진 어린 과학자들을 위해 뒷마당을 기꺼이 내어 준 제니퍼, 캐런, 팀, 몰리.

이 책을 웃음으로 환하게 밝혀 준 똑똑하고 예쁜 장난꾸러기 아이들.

책을 내는 데 도와주고 기다려 주고 창의력을 더해 준 조나단 심코스키, 르네 하인스, 데이비드 마르티넬르, 케이티 포크스, 리사 트루도 그리고 쿼리북의 모든 팀.

그리고 늘 밖에 나가서 놀게 해 주신 우리 엄마 진 리에게 감사를 전합니다.

저자에 대하여

리즈 하이니키는 어릴 때 처음 애벌레를 발견한 순간부터 과학을 사랑했습니다.

분자 생물학 연구자로 10년을 일한 뒤, 연구소를 떠나 전업주부로 새로운 인생을 시작했습니다. 그녀는 세 아이를 키우면서 함께 한 과학 모험의 여정을 Kitchen Pantry Scientist 홈페이지에 공유하기 시작했습니다.

그 결과 Twin Cities 방송국에서 고정 코너를 맡게 되었고, KidScience 앱도 만들었고 첫 번째 책 '아이와 함께 하는 부엌 실험실'도 발간하게 됐습니다.

미네소타 리즈의 집에 가면 과학 봉사 활동을 하고, 의견을 주고받고, 실험하고, 글 쓰고, 노래하고, 벤조를 연주하고, 그림 그리고, 달리는 등 집안일만 아니면 뭐든지 열심히 하는 그녀를 만날 수 있습니다.

리즈는 루터 칼리지에서 미술과 생물학을 전공했고, 위스콘신 대학교에서 세균학으로 석사 학위를 받았습니다.

사진작가에 대하여

엠버 프로카치니는 미네소타 미니애폴리스에서 활동하는 전문 사진작가입니다. 주로 어린이, 아기, 음식, 여행 사진을 찍습니다. 그녀는 완벽한 타코를 찾아 헤매는 열정만큼이나 사진을 사랑합니다. 리즈와는 첫 번째 책 '아이와 함께 하는 부엌 실험실'에서 만났고 좋아하는 음식도 비슷해 환상의 짝꿍이 되었습니다. 산만한 아이 사진을 찍거나 치즈 버거를 맛깔나게 찍는 것에 질릴 때면 남편과 여행을 떠나 새로운 모험을 즐깁니다.

역자 후기

학원을 안 다니는 아들은 틈만 나면 "엄마, 놀아줘.~"를 입에 달고 삽니다. 학교가 끝나고 집에 돌아오면 같이 놀 또래 친구가 없기 때문입니다. 제가 어릴 때만 해도 집에 가방을 던져 놓고 해가 뉘엿뉘엿 넘어갈 즈음 엄마가 불러야 집에 들어가곤 했는데, 겨우 한 세대 만에 많은 변화가 생겼습니다. 엄마라고 놀아줄 거리가 무궁무진한 것도 아니고 난감한 경우가 많습니다. 집에만 있는 아들이 안됐다는 생각에 밖으로 나가 보지만 기껏 가는 곳은 서점이나 박물관 정도이고, 기분 전환 겸 공원을 가도 딱히 할 일이 없습니다.

하지만 아이와 함께 하는 야외 실험실을 번역하면서 생각이 바뀌었습니다.

해가 쨍쨍한 더운 날이면 공원에 나가 그늘에 돗자리를 펴고 태양빛 아래서 태양 복사기 실험을 하거나 간식으로 챙겨간 마시멜로로 태양열 빔 실험을 할 수 있습니다. 여름휴가 때 계곡이나 강에 놀러 가서 절지동물을 찾아보거나, 흔히 보는 이끼에서 물곰을 찾아보는 것도 좋을 것입니다. 이도 저도 귀찮은 날이면 베란다에 사이펀 롤러코스터나 어린이 풀장 보트를 만들며 놀아도 좋습니다. 여유를 가지고 나만의 정원을 만들어 타감 작용 실험을 하거나 새싹 경주를 해도 됩니다. 겨울에 눈이 소복이 쌓이면 눈사람을 만들어 놀다가 눈 녹이기 실험을 해도 좋고, 메이플 사탕을 만들어 먹어도 됩니다.

이 책에는 사계절 모두 즐길 수 있는 다양한 실험이 담겨 있습니다. 과학 실험은 실험실에서만 하는 것이라는 편견을 깨 준 리즈의 책이 새삼 고맙습니다. 계절에 따라 내 아이와 함께 할 수 있는 실험을 찾아보는 즐거움을 여러분도 느껴 보시기 바랍니다.

나태해진 엄마를 늘 깨어 있게 괴롭혀 준 아들 강현과 옆에서 응원을 아끼지 않는 남편에게 감사합니다.

– 2018년 7월 금호동에서